Treasures for Scholars Worldwide

书心雕龙

古旧 书版 寻踪

—下卷—

韦 力 ◎ 著

GUANGXI NORMAL UNIVERSITY PRESS
广西师范大学出版社
·桂林·

现代篇

中国雕版博物馆

雕版有幸栖广厦

　　书籍从写本时代过渡到刻本时代是一大飞跃，写本是自然数递增，雕版印刷则是几何数递增，因此印刷术被称为人类文明的母体。中国雕版印刷术始于何时，业界至今难有定论。大英图书馆所藏的刊刻于唐咸通九年（868）的《金刚经》是全球留存至今最早的有确切刊刻年款的印刷体，可见唐代已发明版刻印刷术是不争的事实。而刻本经卷《金刚经》的刊刻风格颇为成熟，按照前粗后细的事物发展规律，说明此前就已有此技艺。

　　关于雕版印刷最早的文献记载，其中之一是唐代诗人元稹为其好友白居易所作的诗序，其中写道："然而二十年间，禁省、观寺、邮候墙壁之上无不书，王公妾妇、牛童马走之口无不道，至于缮写模勒，衔卖于市井，或持之以交酒茗者，处处皆是。"

清代学者赵翼在《陔余丛考》中说："'模勒'即刊刻也，则唐时已开其端欤！"但是，也有学者认为刊刻碑石也称模勒，不一定是雕版。王国维则在《两浙古刊本考》中说："夫刻石亦可云摹勒，而作书鬻卖，自非雕板不可，则唐之中叶，吾浙亦已有刊板矣。"

叶德辉在《书林清话》中也说："书有刻本，世皆以为始于五代冯道，其实唐僖宗中和年间已有之。……唐元微之为白居易《长庆集》作序，有'缮写模勒，衒卖于市井'之语，司空图《一鸣集》九载有《为东都敬爱寺讲律僧惠确化募雕刻律疏》，可见唐时刻板书之大行，更在僖宗以前矣。"

至于扬州何时有雕版，元稹在诗序的小注中说："扬、越间多作书模勒乐天及余杂诗卖于市肆之中也。"元稹此序写于"长庆四年冬十二月十日"，即公元825年1月2日，由此说明了至迟在那时扬州已经有了雕版书籍，因此可以说，扬州是中国版刻发源地之一。

以上所说的是私刻本。其实早在唐代，扬州就有了官刻本，与元稹同时为官的冯宿在其所上《禁版印时宪书奏》中称："剑南两川及淮南道皆以版印历日鬻于市，每岁司天台未奏颁下新历，其印历已满天下。"当时的扬州为淮南道治所，每当朝廷颁发新的历书，私刻历书已赶在官刻之前迅速上市，可见当地的雕版业已十分成熟，且有一定的普及性。对于此后的情形，宋王明清在《挥麈录》中载："《大业幸江都记》自有十二卷，唐著作郎杜宝所纂，明清家有之，永平时扬州印本也。"永平为五代时期前蜀年号，说明那时扬州雕版依然风行。

对于扬州在宋代的刻书情况，王澄在其编著的《扬州刻书考》中有详细罗列，比如北宋太宗雍熙二年（985），高邮军署所刻《金刚般若波罗蜜经》三卷；北宋徽宗宣和七年（1125），淮南路转运使司所刻《埤雅》二十卷；等等。其中南宋嘉泰年间（1201—1204），淮东仓司所刻《注东坡先生诗》最具名气。此书为施元之、顾禧注，故被称为"施顾注苏诗"。此书版到景定三年（1262）予以重修，书末有郑羽刻书跋："坡诗多本，独淮东仓司所刊明净端楷，为有识所宝。羽承乏于兹，暇日偶取观，汰其字之漫者大小七万一千五百七十七字，计一百七十九版，命工重梓。他时版浸古，漫字浸多，后之人好事必有贤于羽者矣。景定壬戌中元吴门郑羽题。"

以上这些都属官刻本，另外扬州还有州学刻本，最具名气者乃是南宋乾道二年（1166）扬州州学刊刻的《梦溪笔谈》。

元、明两朝扬州依然刻了许多的书，到清康熙年间，皇帝下令由曹寅在扬州刊刻《全唐诗》，后来嘉庆皇帝又在扬州刊刻了《全唐文》，更加使得扬州成为全国最著名的刻书中心之一。

清代中晚期，扬州雕版依然受到重视，朱福烓在《扬州雕版印刷》中说："太平军占领扬州后，很重视扬州的印刷技术，曾在扬州刻印了大量的诏书、文件和《三字经》等通俗宣传读物。当时调到天京（今南京）的刻书艺人以扬州人为多。在初期，天京刻印书籍、文据的主要是'扬帮'艺人，而其中又以扬州杭家集（今邗江县杭集公社一带）人占的比重最大。后来，由于革命形势的发展，刻书人手不够，又有不少六合人被扬州人带到天京，学会了刻印业务。这对扬州刻书业的发展，是起了很大的推动作用的。"

民国时期，扬州雕版业依然兴盛，其中最大的私人书坊乃是陈恒和书林。对于陈恒和的情况，王桂云、李翔在《陈恒和与〈扬州丛刻〉》一文中称："陈恒和先生于光绪九年出生于扬州东南郊的杭集。据史书记载，他的祖籍是江苏丹阳，自高祖时迁至江都。陈恒和少年时就很聪明，读书识字，日见长进。他在舅父的指导下研习目录学，系统的目录学知识，为他日后在古籍的鉴别和整理方面得心应手打下了基础。"

关于陈恒和学习版本和从事书业流通之事，江苏省地方志编纂委员会所编的《江苏省志》中写道："18 岁起从其舅父学习目录学。逐步通晓刘歆的《七略》和班固的《汉书·艺文志》，掌握目录学方面的基础知识。还学会修补古书的技术。30 岁时，到上海以版本学闻名的李紫东开设的忠厚书庄，一方面专事古书修补，一方面于业余协助购书籍，向李紫东讨教版本目录学及古旧书经营业务。民国 12 年（1923 年），回扬州创设陈恒和书林，开始独立从事古旧书买卖。同时他悉心搜集乡邦文献稿本，历时 5 年，择其要者 24 种雕版印行，名曰《扬州丛刻》，计 47 卷、12 册。"

陈恒和在经营之余，努力搜集当地文献，而后自己出资将其刊刻出来，此书就是《扬州丛刻》。对于他的所为，扬州文化名人陈含光在《扬州丛刻序》中给予了高度赞誉："陈君恒和，以业书自隐于市肆。慨然念此，乃裒集先哲，以扬人而述扬事者为书若干种，合刊之，为《扬州丛刻》。于是吾郡之掌故，与纪吾郡掌故之前贤，皆得托以不朽！夫使人不朽者，天必以不朽报之，则千秋后之陈君，其必不居常熟毛、姑苏席两氏之后也！"陈含光认为陈恒和的刻书成就，可以与常熟毛氏和洞庭席氏相并提。

陈恒和之子陈履恒继承父业，继续经营售书与刻版业务。在经营的过程中，他曾收到重要史料，韦明铧在《陈恒和书林》一文中写道："陈履恒在扬州市区居士巷某藏家发现了太平天国时佚名手稿《咸同广陵史稿》。这部手稿经太平天国史专家罗尔纲先生考证，是太平军占领扬州时期的活动的重要记录，其价值远在倪在田的《扬州御寇录》之上。书稿系撰者根据亲身经历和见闻著成，记事比较客观公正，在一定程度上反映了当时的历史真相。罗尔纲先生亲为此书撰写考证、评介文章，并在扬州援引此书作了学术报告，后来广陵古籍刻印社刊刻了此书，为太平天国史的研究提供了宝贵的新资料。"

陈恒和书林除了刻书外，还收购了一些版片，王澄在其专著中写道："陈恒和书林还购进独山莫氏所刻《影山草堂六种》《邵亭四种》版片，民国年间未及修补重印。新中国建立后，陈恒和书林加入公私合营扬州古旧书店，始整理修补此两部书版，合并为《邵亭丛书》，于 1958 年印行。"

新组建的扬州古旧书店为了拓展经营范围，增加收入，一是开展修补古书业务，二是通过抄书来赚钱。王澄在其专著中称："组建于 1956 年的公私合营扬州古旧书店，本以收售古旧书、碑帖和新旧书刊为经营业务，后采纳原陈恒和书林业主陈履恒'母鸡下蛋'之策，建立'古旧书修补装订小组'（广陵刻印社前身）。在收购所得的旧书中，选择珍稀的、预测有较多购书单位需求的古籍、稿本，暂不出售，留作'母鸡'，通过抄写、油印即所谓'下蛋'，装订若干部推销，然后再售出底本。同时，用原陈恒和书林存版修补印书。"

如前所言，抄书是写本时代出版的唯一办法，这种办法以自然数递增，速度很慢，所以即便有收入也不会太多，于是古旧书店想到了用旧版片重新刷印书售卖的办法，以此来增加收入。

扬州古旧书店哪里来那么多的旧版片？杨舒在《扬州刻书业和广陵书社》一文中写道："1957 年，古籍书店开始刷印木版古籍。当时，原'陈恒和书林'主人陈履恒将家存版片提供给古旧书店供刷印出版（店方按印数给陈履恒一定租金）。这些版片后被古旧书店收购，同时书店还向其他私人购得部分版片。广陵社成立后，积极与各地联系，对江、浙、皖一带的藏版情况进行了广泛调查。在省文化部门的支持下，1962 年，原存于南京、苏州、扬州及杭州的大量古书版片集中到高旻寺，据当时估计有 42 种丛书，140 种单行本，存版总数达 20 万片左右。"

遗憾的是，后来这些版片有一部分损毁了，杨舒在文中写道："'文化大革命'中，广陵社被关闭，1969 年底，广陵社的留守人员全部遣散。用于存放版片的 60 余间房屋被邗江丝厂占用了 40 间，版片撤并到 22 间房子里，后丝厂又占用 18 间房屋，强行搬迁版片，使大量版片和版架摔坏、压破、踩断、霉烂，甚至被人拿去当柴烧、打家具，造成极大损失。直至 1973 年，在国务院的干预下，省、市有关部门作出安排，由市新华书店代为管理（当时古旧书店也已取消），并拨款 1 万元用于抢救版片，才使版片免于继续遭到破坏。"

对于版片的损毁情况，赵文文在其硕士论文《广陵书社研究》中记录了陈义时接受采访时的所言："那时候从浙江南浔拖了几轮船版片到我们这里，《四明丛书》《西厢记》都是从南浔过来的，那时候的版片比现在多一倍还不止。'文革'时候，红卫兵把版子烧掉了。原来三十万片，大概还有十万片左右。刻印社只有几千片。"

对于此事，王澄、赵导、明发合撰的《扬州雕版印刷的复活与发展》

一文中写道："扬州雕版印刷复活不久，好景不常。1964 年 10 月，上级通知广陵刻印社停工待命。1965 年 8 月，上级又通知暂时复工，印完《四明丛书》为止。此书尚未印完，'文化大革命'开始，广陵刻印社被视为传播'封资修'的黑窝而遭撤销，工人遣散，版片封存。'文化大革命'中，版库被邗江丝厂强占，版片遭到严重破坏，被散乱塞进高旻寺方丈室后面的地下室，版架被劈柴升火，目不忍睹。1973 年，《人民日报》记者丁××在高旻寺目睹书版受损实况，十分惊愤，立即写文章在《人民日报》'内参'上作了披露，引起周恩来总理的重视，指示国务院文博组等有关部门关心保护书版。并责成江苏省革委会传达到我市领导，随后，又作出安排，拨款一万元用于抢救版片，要求立即组织人力整理保管。"

有了国家的重视，扬州当地有关部门对幸存下来的版片做了系统性的保护，此文接着写道："市里接到上级通知后，立即召回已靠边审查的原刻印社负责人王澄，文化部门当晚行动，责令邗江丝厂搬迁，让出版库。随接又去农村召回被遣散回家的老艺师宋子安、潘国泰等人。就几个老人，手提肩抬，把 20 万片版片又重新搬回版库，花了整整一年的时间，一部一部整理登记，重新上架、薰蒸杀虫、派专人看守，终使雕版在濒临灭绝的境地中，得以抢救保存，为以后雕版印刷在扬州广陵刻印社的新生打下了基础。"

1978 年，中共十一届三中全会以后，广陵古籍刻印社恢复生产。刻印社召回原有工作人员，并陆续培养新人，在两年的时间内，全社人数增加到了一百五十余人。刚恢复的刻印社条件艰苦，此社建在扬州城北凤凰桥一带的坟地上。赵文文在其论文中记录了采访雕版印刷技师刘坤的所言："那个时候刚建广陵古籍刻印社，劳动局招工的。我们是 80 年进来的，整个刻印社是用篱笆围起来的，像工地一样，里面还有坟墓。当时没有建筑材料，我们居然在两个坟墓头上搭一个人字头的房子，在那里看工地。什么是人字头的房子？坟头是高的，就在上面搭个竹竿，然后塑料布一套，那不就是一个人字嘛。我们当时一批来了30个人，我们奋发图强，一砖一瓦把这个刻印社垒起来的。我们去的时候的那栋楼房现在还在。"

1999年，江苏广陵古籍刻印社更名为广陵书社。2002年，获准成立中国雕版博物馆。2005年，扬州市政府投资1.28亿元建造的扬州中国雕版印刷博物馆建成，广陵书社所藏的20余万片古籍版片转移到了新建成的博物馆内保护收藏。

中国雕版博物馆以前的名称是扬州雕版博物馆，后来升格为国家级，我当然为此觉得骄傲，因为它还没有这么高的规格的时候，我就对这个馆有过捐赠，这个捐赠的起因还是二十年前的某次偶遇。

约二十年前，中国书店的总经理是一位女士，我忘了到她办公室跟她谈论什么事情，之后她请我吃饭，在那场饭局上我认识了扬州广陵书社的社长刘永明先生。那个时候好像还不叫广陵书社，具体叫什么名称我也懒得去查了。记得在饭桌上，我抱怨说，因为古籍拍卖的兴起，仅一两年的时间，古籍书店的古书就成了热门货，有买方市场和卖方市场，书店不应当如此地只看眼前利益，应当"放眼量"等等。其实我不过就是一种抱怨，潜台词就是想让中国书店多卖给我一些古书而已。没想到的是，刘永明先生当场反驳我的说辞，说古籍书店里面的库存是店里多年积累下来的财产，不可能敞开卖，否则很快就卖光了。总之，他几句话就把我噎了回去。

我与刘先生交往几次后慢慢变成了熟人，后来他调到了扬州古籍书店做总经理，再后来又步步高升了。大概是 2007 年他给我打电话说："广陵书社藏的几十万块书版的版片要建成博物馆了，这等好事你是不是应当表示表示？"

能为雕版建立一个博物馆当然是好事情，我听着也高兴，而那个阶段我正热衷于做古籍用纸纸谱，于是想到了自己手头正在操作的工作，就从我搜集的纸样中挑出来了几十种打算捐给雕版博物馆。刘永明先生听了很高兴，说他期待着。后来我准备了一番，把找到的纸样以及我所写的说明快递给了他。

大概在转年的年尾，我就看到了扬州雕版博物馆建成的消息，此后不久又接到了扬州某家报社记者的采访电话，让我谈谈捐赠给雕版博物馆的纸样的起因、价值，以及伟大意义等，我也很配合地说了一些话。这个采访让我知道，自己捐赠的纸样在博物馆专门设的一个区域全部展示了出来。按照官话说，荣誉属于领导，但我还不知道博物馆的领导是谁，那就往大里说，荣誉属于国家吧。

那场捐赠后的转年，北大的肖东发老师邀请我到扬州参加中韩雕版学术研讨会。他打电话的时候正巧我在南京，于是第二天我就跑到了扬州。记得我所订的酒店名称叫"二十四桥"，这个名字还搞得大家诗兴大发。几位朋友喜欢杜牧《寄扬州韩绰判官》中的那句"二十四桥明月夜，玉人何处教吹箫"，而我却喜欢姜夔《扬州慢》中的"二十四桥仍在，波心荡，冷月无声"。争论的结果是找当地的朋友到二十四桥附近的饭店吃了餐饭，那晚确实有月，大家争论着"冷月无声"的感觉，但那场扬州之行因为安排得太紧凑，却抽不出时间去雕版博物馆看看自己的光荣。

　　从捐赠到现在已经过去了八年时间，按照《智取威虎山》中的台词，那是"八年了，别提他了"，但我是个俗人，我不能这么轻易忘记自己做过的好人好事。2015 年初，我前往扬州寻访，但当时北京正在举办图书订货会，我熟识的几位扬州朋友都像候鸟一样跑到北京去参会了。我想起在国家古籍馆搞展览时认识的李江民先生，去电李先生问其是否在扬州，他说他的确也到北京参会了，但昨天晚上已经回到了扬州。第二天（1 月 10 日）一早，他开车把我带到了雕版博物馆。

　　在扬州当地，人们都把雕版博物馆称为"双博馆"，因为雕版博物馆与扬州博物馆处在同一个楼内，准确地说是在同一组建筑之内，共用一

图一　"双博馆"

个进门的大厅，左侧为扬州博物馆，右侧则是雕版博物馆。双博馆处在扬州的开发新区内，这个新区完全独立于老城之外，一张白纸没有负担，当然容易画出最新最美的图，所以规划布局上显得大气很多。双博馆的周围全是大片的绿地，使这个并不高大的馆舍看上去有些巍峨。李先生刚把车停到停车场，马上探出头来让保安看清他的脸。以前他也在这个馆工作过，因此还算有熟人。这张脸果真管用，李先生笑着跟我说，省掉了五块钱的停车费。

从外观看，博物馆颇为现代，拱形的侧墙上镶嵌着馆名：扬州中国雕版博物馆／扬州博物馆。两个馆名上下排列，而雕版馆名在上面，这多少满足了我的一点虚荣心：看来还是雕版馆更重要。李江民先生说，扬州博物馆里也有些镇馆之宝，他想带我去开开眼，可我还是决定去看自己的捐赠物，而捐赠物是在雕版博物馆。李先生说他在馆里工作时曾经看见过我的捐赠纸样展，于是直接把我带到了那个位置。可是，今日看到的那个位置已经变成了其他的展览区域，我捐赠的那些纸样完全看不到踪迹，这让我略显失落。

李先生马上给馆长打电话，馆长接听电话后，李先生把他的手机递给了我，让馆长直接跟我解释。这位馆长很有做领导的风度，首先就当年捐赠的事，郑重地向我表示了感谢，其次告诉我，因为馆里举行重要展览，而我的纸样已经展览了很多年，所以这一年刚刚换下，存入博物馆的库房珍藏起来了。最后则告诉我，因为今天是周六，正赶上管理人员休息，他本人和库管都不在馆里，所以无法打开仓库让我查验自己的捐赠品，希望我过两天再来此馆，他可以让我看到自己的捐赠品完好无缺地保留在那里。

　　自己的捐赠物能够得到善待，心里顿感欣慰。于是我郑重地向馆长表达了谢意，告诉他自己明天就离开扬州了，只能等今后再次来到扬州时，再到此馆欣赏自己的宝贝了。放下电话，在李江民先生的带领下，我开始参观这个带有"中国"字头的雕版印刷博物馆。

　　雕版博物馆的入口处布置得就很有创意，正中一个大大的"雕"字刻成了反字，而旁边的"印"字则刻成了正字，这一反一正，形象地说明了中国古书印刷的最重要的两个步骤，而这两个步骤正合老子的《道德经》：一阴一阳，产生了万物。我不知道这算不算辩证法。这个主展板之下还堆着一些木块，以我的理解，这意味着木活字。而这个展板的旁边还有一组雕像，这个雕像的搭配可谓穿越时空：中间坐着的那位应当是佛祖释迦牟尼，右边那位应该是孔子，而左边的那位看上去是古希腊装束，不知道是柏拉图还是亚里士多德。但无论是谁，能把这三个人搁在一个时空下，的确是奇特的组合。我忽然想到这三位的共同特点是以雄辩著称，如果他们三个凑在一块搞一场论辩会，不知道谁能拔得头筹。这组雕像背面的墙上写着个大大的"思"字，我突然理解到布展者的主题思想，这应当是指，他们都是思想家吧。但思想家跟雕版和印刷的关系我却没能想明白。

　　入门之后，则是墙上一长排的展板，详细列明着从造纸到制墨，再到书写工具以及雕刻工具的演变。每块展板前还有一个小的展台，里面放置着一些与之相匹配的实物。我感兴趣的是看到了几块破碎的宋墨，宋代的墨我还从没有见过，以前的藏墨者能得到一些明代的碎墨就已经很高兴了。二十年前，周绍良先生常托朋友到天津文物商店买明代的残墨，说这些墨可以治胃病。当时就觉得明墨是如此的神奇，没想到今天

图二　入口处的景象

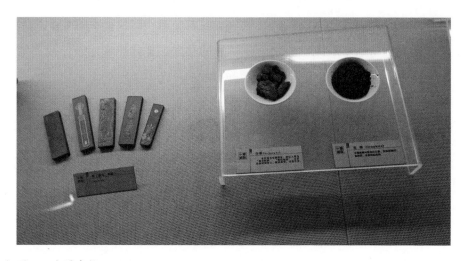

图三　宋墨实物

还可以亲眼见到宋墨实物。

这组展览是用图片和雕塑相结合的方式，看上去生动形象了很多。其中一个场景的雕塑是表现造纸，从这些人的装束上看，应该是汉代人。站在最前方，手里拿着一张纸的那位有可能就是蔡伦。前几年，我到山西的某个县内找到了蔡伦的墓，那个墓找得很辛苦，因为它已经被包在了某一家的院内。当时就遗憾没能找到蔡伦的雕像，今日总算在这里看到了一尊。这尊雕像看上去太过年轻，可是蔡伦究竟长什么模样，我想谁也不知道，姑且就认为这是正确的吧。但这个雕像手里拿着的那张纸我却能真真切切认个明白：是一种毛边纸。从工艺上讲，是当代的产物，这又让我忍不住想起了自己捐的那些古纸。虽然我捐赠的纸张中也没有汉代纸，但如果这个雕像手里拿着一张我捐赠的明早期纸张，至少也比现在这张要早上五百年。

接下来的展览仍然是雕塑与展板相结合的方式，完整地表现出了从写样到校对，再到上版，之后是雕版，最后是刷印的全部雕刻印刷工艺流程。我觉得这个展览确实是下了较大的功夫。如此想来，撤掉我那些古纸展览也是有道理的。

在雕版博物馆二楼的中厅，这个区域内有一排是现场操作。李先生告诉我，这么安排有两个目的，第一是为了提高展览的人气，第二则是安排这些人在此工作：反正在哪里做都是做，不如把工作地点搬到展馆内。把工作变成展览，这真是一个巧妙的构思。

我首先看到一位师傅正指导一个小女孩在进行写样。写样的实物我见过不少，但真正地进行写样操作，我到今天才第一次看到。我看小女孩写得如此娴熟，看来并非初做此事。我站在那里大概看了五六分钟，

图四　第一次看写样过程

看到她竟然写出来了一排字，这更正了我的一个观念。我一直认为写样是不容易的一件事，至少写完一部书稿应当需要很长一段时间，但以今天见到的写样速度来看，写出一函书的纸样并非像我想象得那样难。

雕版博物馆最著名的写样大师是芮名扬。原广陵古籍刻印社社长刘向东先生在《〈欠伸稿〉刻印纪事》中，谈到他当社长期间，为了刻好日本委托的书稿费了很多心血，而该书的写样就出自芮名扬："我们多年来在字体审美方面，习惯横竖成行、四平八稳，讲究清秀匀称，而日方提供的样张，字体笔划不正，行气不整，大小不一，有较强的个性，和今天被称为'和刻本'的风格一脉相承。我们请书法家芮名扬先生研究日本提供的字体，进行仿写。芮名扬先生少年起即研习书法，对各种字体有非凡的理解能力，现为江苏省非物质文化遗产代表性传承人，专业写样大师。他将字体的笔划和间架一一拆开，研究运笔和结体的规律，再将其行笔特征、间架布局的特点一一保留，在此基础上写成书页，经刻印寄给日方。日方在收到字样本半小时内即打电话告知：日方非常满意此写样。"

此前我看到过芮名扬先生在雕版博物馆现场写样的照片，但因为今天没有带着照片来，不清楚现场指导小女孩写样的人是否就是著名的芮名扬。

旁边一张桌子上，一位中年汉子在用刻刀刻着一张版片，他的桌子

图五　雕版现场

前放着一块铭牌，上面大字写着"雕版技艺传承人沈树华"。他刻版的速度也很快。我注意到他桌子上贴着一张纸，上面写着"请勿靠近，当心木屑入眼"。当时我琢磨，这样一刀一刀刻下去，木屑怎么就溅入参观者的眼中了呢？还没等我想明白，他突然一口气吹在了版片之上，顿时木屑四飞，溅满了桌面。原来是这样，看来木片上写的这几个字可称得上"此言不虚"。

再下面一张桌子旁坐着的，仍然是一位雕版者，而我看到的时候，这位雕版者正将钢尺压在版面上，另一只手用刻刀在刻栏线。一块雕版是先刻字还是先刻界栏，以往我还真没见过，今日可算弄清了这个步骤的先后。他的桌旁摆着几块已经贴上了写样的木板，一些文字透过纸张清晰地显现出来。我向他请教这种纸为什么如此的透亮，他告诉我是用了专门的一种油。

一路走下来，来到了活字印刷区域，摆在最前面的当然是毕昇的雕像，可惜的是毕昇所发明的泥活字至今也没有发现实物和印本，而流传至今的最早的泥活字印本已经到了清代的中晚期。活字展的第二个区域则是元代王祯的《农书》，此书是已知最早记载木活字的典籍。两个铜人正站在两个转轮活字版前商议着排字之事，这种转轮取字法是王祯的发明，可惜的是，他所做的木活字无论实物还是印本都没有流传下来。到今天见到的最早的木活字本，已经是明代中期以后的版本。

当然这种说法是站在汉字的印刷体系上来论述，中国的其他民族也有一些文字印本，比如说西夏文字的印本，那个时代相当于中土的两宋时期，今天我们已经发现了西夏文的木活字字钉和印本。我很希望在这个展览上能够看到关于西夏文活字的实物或者是复制品，遗憾的是这个

图六　已经基本刻完的版片

展览缺少了这方面的内容。

雕版博物馆的三楼也是展区。此馆所藏的十几万块版片大多都是来自当年广陵书社的旧藏。我并不清楚从行政归属上来说，广陵跟博物馆之间的关系，以及这些版片的所有权等等问题。这些版片有一部分既作为展品也作为储存藏品陈列在了三楼的一个主要展区内。这个展区的设计有些特别：一排排的放书版的架子陈列成了扇形，而外面起保护作用的玻璃也做成了同样的形制。大书架的侧墙上还贴着一些说明牌，列明所藏书版的名称。我看到了两套很熟识的版片，一套是刘世珩《暖红室汇刻传奇》，还有一套是徐乃昌的《积学斋丛书》。这两套书都是今天大受欢迎的市场品种，没想到版片却存在了这里。

　　前天，我在天宁寺的古玩市场内闲逛，希望能够看到一些古书，结果未能如愿。不过，某个古玩店门口的两块观赏石却引起了我的兴趣。

图七　漂亮的饾版

图八　一排排盛放版片的架子

那两块石头造型确实漂亮，一块是英石，一块是太湖石，而我对那块英石更感兴趣。店老板看我围着这两块石头转悠，就问我是否感兴趣，我随口问了价格，他说一万五。这个价格便宜得让我吃惊，马上跟他商议托运如何不破损的细节，说到最后我才听明白，他只卖那块石头，而不卖底下的石座。我看上的恰恰是底下的精美石座，从风化程度看，那个石座不会比曹寅的时代晚。然而底座的价格却比石头贵好几倍，这让我想起了聪明的农户用官窑当鸡盆来喂鸡，他用那个鸡盆卖了数拨成群的鸡。这个太湖石的卖法让我觉得老板肯定受了这个历史故事的启发，如此说来，恐怕也是个读书人。

虽然石头没有谈成，但我却有兴趣走进他的店里浏览一番。果真，在他店里看到了两样我感兴趣的东西。首先是一只趴在地上的乌龟，因为我没有留意地上还有这么一只生灵，差点一脚把它踩扁。第二件，则是在架子上看到了一部线装书。天宁寺里几十家古玩店，我转了其中十几家，这是看到的唯一一部线装书。书虽然是后装订的，但的确是旧版新刷，而难得的是这部《李翰林集》是刘世珩请当时的天下第一名刻工陶子麟刊刻的。

这部《李翰林集》中还夹着收藏证书，发证者就是中国雕版印刷博物馆。我把这部书翻看一过，于今而言，这个刷印水平已属上乘。我问老板卖多少钱，他说这部书不卖，这让我有点意外，反问他为什么，他说是雕版博物馆里的朋友送给他的。朋友赠送之物当然不能卖，我反问他对古籍的看法，他说这当然是好东西，因为是真正地用古版刷印，而不是一些假古董。他说话间眼睛看了一眼店堂，我不好意思反问他，是不是店里的其他东西就没这么真了。但老板对线装书如此高看，还是让我心里头暗自高兴。

他看我对古书略知一二，又拿出一个精致的经折装，里面刻的是郑板桥手书的《兰亭序》。从刻版水平上看，确实表现出了郑板桥独有的六分半书体的特点。老板说，这个《兰亭序》也是他朋友刻的，而这个朋友就在雕版博物馆工作。竟然还有这种雕版高手在，我倒很想结识结识，很可惜的是我忘了今天是周六，这里的工作人员基本都不上班，这也让我错过了跟这位雕版高手研讨的机会。

找不到高手只能接着看展览。展区内有个区域陈列着扬州雕版博物馆印刷的出版物，在这里我又看到了那部《李翰林集》，但我觉得这是旧版新刷，不应当算是这里的出版物。细想之下，又觉得自己太过苛责。

图九 扬州雕版印刷出版物

　　有意思的是，雕版博物馆还把两个扬州当地的古代书坊搬了进来，这两个书坊的面积虽然不大，每一个约十几平方米，但却做得很用心，完全展现出了书坊当时的操作场景，很有一些复古的味道。以前关于印刷和书籍的展览介绍中，很少有布展者会关注到书坊的销售情况以及售卖方式，雕版博物馆竟然考虑到了这一层，完整地把一部书的制造过程从头到尾讲述了下来，由此可见布展者的良苦用心。

华宝斋中国古代造纸印刷文化村

富春江边的产业链

从造纸，到印刷，再到出版和销售，将一本书的完整制作过程集于一身的出版结构，我所知者仅华宝斋一家。

虽然早就听说过华宝斋的名号，但与之有交往，却是 2003 年的事情。当时鲁迅博物馆正举办藏书展，某天工作人员告诉我，外面有人来找我，想跟我谈谈。正值初夏的时节，鲁博的院中摆着几个带座位的遮阳伞，其中一把伞下坐着一位女子，她的身后还站着一位魁梧的汉子，看情形像是司机兼保镖。这位女子看上去 30 多岁，跟我说话的语气中，透露着世家的尊贵，她说自己是华宝斋北京中心的负责人，是华宝斋创始人蒋放年的二女儿蒋黎明。

在跟我谈话中，每当提到自己父亲的名字，蒋女士的脸上都会显现出骄傲的神色。我问她找我有什么事，她说是自己的父亲让她来找我，想跟我学习古书的版本知识。这个说辞让我有些好奇，我问她其父为什么让她来跟我学，她说自己也不清楚，只要父亲让办的事，她一定照办。我也就没有深问下去。之后，我就去了几次华宝斋的办公室。当时，那个办公地点在东二环。其实去了之后，有一半时间都是在聊天，当然聊的也都是古书界流通的话题，我也就捎带着在聊天之中，融进去一些所谓的版本概念。

后来，华宝斋搬到了全国政协礼堂的旁边，其实就是礼堂的一部分。从外面看，华宝斋的入口处就在政协礼堂的大门旁边，而从里面可以直接穿入政协礼堂的内部。华宝斋的这个营销处，我很喜欢，主要原因是店堂的敞亮，里面的高度至少十米，是个方正的大通间。华宝斋将两侧的部分改为了二层结构，其中一面做接待室，另一面则是办公区域。进门一面墙的书架一通到顶，看上去很有气势。我特别想将自己的藏书楼也改造成这个模样，但是一直纠结于书架的上层取放不太方便。看来，有些东西只是看上去很美。

与这个高大书架相对应的另一侧，改造成了阶梯形的茶座，无论是座椅还是茶桌，设计得都很是舒适。华宝斋经常在此举办各种讲座和活动，印象最深的一次是来听古琴。那次邀请的琴者是一位美国人，我才知道这位洋人还办有古琴网站，在国际上很有影响。我以前见到的古琴所用的琴弦都是钢弦，而这位"大鼻子"所弹的却是丝弦。就是这一次，我才知道丝弦才是真正的正统。他在弹奏时为了能让听众听到真正的古琴原声，坚决不用麦克风，众人只好伸长脖子，紧紧地围在他身边，看着他弹奏。那声音听起来确实不如钢弦清脆响亮，可能是丝弦有着特殊的表现力，那场古琴会改变了我对古琴的一些固有认识，并且由此而对古琴大感兴趣。

再后来，华宝斋北京公司由蒋放年的大女儿蒋凤君执掌，她邀请我在那里举办了讲座。此后蒋凤君搞了一系列很有影响的活动，比如华宝斋举办的藏书论坛已经办了四届，同时她还下大力气组织各路专家出版了《中华善本百部经典再造》。在与她的交往中，我了解到了更多她父亲的创业史。此后我查阅了一些报道，更加敬佩这位为中国书籍文化传承做出过重要贡献的蒋放年先生。

蒋放年是富阳当地的著名企业家和文化名人，张树根主编的《富阳年鉴2004》中有蒋放年专文，该文列出蒋放年的头衔有："曾任全国第十届政协委员，杭州市第六届、第七届政协委员，第八届政协常委，杭州市第十届工商联常委，富阳市第四届、第五届、第六届政协常委，富阳市第七届工商联副会长，中国造纸史委员会副主任兼秘书长，华宝斋富翰文化有限公司董事长。"可见他的业绩得到了官方的广泛认可。对于他的成就，此文中称蒋放年创下许多个"第一"。

创办全国第一家私营古籍宣纸厂；第一个研制成功影印古籍专用宣纸；第一个在手工宣纸上影印出山水画、国画作为年画；第一个创办中国古代造纸印刷文化村；第一个以书籍为产品的注册商标；第一个以企业名义召开华宝斋与中国传统文化发展研讨会；第一个创办集造纸、制版、印刷、装订、出版发行一条龙生产影印线装古籍的文化产业公司。被人誉为"当代蔡伦"、"当代毕昇"。

图一　中英对照本《论语》，华宝斋印制

蒋放年能有这么高的成就，与其坚韧不拔的性格有直接关系。在改革开放之初，他积极做各种产业探索。袁宝华总主编的《中国市场经济建设全书》中对他的事迹有详细论述，其中谈到蒋放年早年创业情况时说："一九八三年，一个靠养蚯蚓和地鳖虫挣了几千元钱的中国年轻农民，放弃了投资办厂或开商店的发财之路，将全部资金投入到一个全新的领域：制造出版中国古籍书专用的宣纸。"

蒋放年为什么不把辛苦赚来的钱投入到更赚钱的生意中，而是投入到文化产业中？这与其早年的经历有直接关系。陈祖芬在《富春江畔"活蔡伦"》一文中说："他是1950年出生的，刚解放，父亲就给他起名叫放年。十几岁的放年推独轮车能推500来公斤，挑担150公斤，种稻种到全村第一。有机会到富阳县城，就租连环画看，一分钱租一本，站着看，一个字一个字地看完了，再租一本。"

蒋放年喜欢读书，源于其家传，他在《为弘扬中华优秀传统文化而奋斗》一文中写道："我父亲是个老知识分子，1927年加入共产党。1950年我刚出生那一年，父亲遭人陷害被打成现行反革命，坐了五年牢……他爱书，家中藏有一些线装书。我上小学时，他经常给我讲解《古文观止》和《三国演义》等古典文学。他以此为乐，而我却似懂非懂，只喜欢听听故事而已。记得有一次他卧病在床，让我拿书，我不小心把书掉在地上，沾了水。他立即从床上跳了下来，飞快地拾起书，轻轻拭去水珠，心痛地放到桌上摊晒，然后狠狠地骂了我一顿。那样子，我至今难忘。骂完之后，他又拉着我的手说：孩子，你知道书是怎么印出来的吗？你知道造出印书的纸要花费多少时间和工序吗？要懂得读书，还要爱护书。书上有我们要知道的一切。"

　　自此之后，蒋放年懂得了爱护书籍，他上小学时用的课本和笔记本都是平平整整十分干净。然因生活所迫，他从小学毕业后就没有条件继续读书了，于是他一边放牛一边读父亲留给他的大量藏书。那时他的家乡有许多人家生产土纸，他从小耳濡目染，懂得一些造土纸的简单工艺。十一届三中全会后，他很想在文化方面有所开拓。"1983 年，也是一个偶然的机会，在我父亲生前的朋友那里，得悉国务院古籍整理出版规划小组正在挖掘整理古代文化遗产，准备影印一批保持原貌的线装古籍，需要有一种线装古籍的影印专用纸。这真是天赐良机，我毫不犹豫就把这任务承担下来了。"

　　想要制造出符合要求的古籍影印专用纸绝非易事，《中国市场经济建设全书》中说蒋放年"仅有小学文化水平并初懂点造纸技术的蒋在后来的全新创业中，可以说是全身心地投入和土法上马：他先盖了二间工棚，挖了几个长方形的坑，浇上水泥，作为料槽，将一个硕大的灶头立在旁边，上面支起一口大铁锅，用两块坚硬平展的大铁板支成烘房。没有专门技术人员，蒋放年向能造宣纸的师傅和各地的专家请教，许多专家对这个不善辞令却又善动脑子，并且老爱出一些新奇设想和思路的农民十分赞赏并给予他认真地解答"。

　　蒋放年以其坚韧的性格，不辞劳苦地奔波，经过一次次的失败，终于制作出了高质量的古籍印刷用纸。但是酒香也怕巷子深，如何让专家认可他制造的纸的质量，这是个问题。蒋放年以那独特的韧性来推广自己生产的纸，他在其文中写道："为了推销自己的产品，我背着纸坐车北上，来到了北京。首先找到了国务院古籍整理规划小组办公室，拿出专家的鉴定结果和纸样。当时，正是古籍整理全面展开时，大批古籍需要

影印保存，我的纸无异雪中送炭，立即引起了他们的重视，他们向当时
古籍整理小组组长李一氓先生作了汇报。"

李一氓看到蒋放年生产出来的纸十分高兴，为他题写了"富阳古籍
宣纸工厂"的厂名，"并由国务院古籍整理出版规划小组发文，确定富阳
古籍宣纸厂生产的纸为古籍影印专用纸，这是国务院古籍整理出版规划
小组唯一的一家定点生产厂家"。

此事让蒋放年迅速打开了销路，他与多家出版社签订了用纸合同。
中华书局影印的《宋元善本丛刊》、人民文学出版社影印的《醒世姻缘传》
《金瓶梅词话》、文物出版社影印的《中国版刻图录》、中国书店影印的
《异史》等，这些书用的都是富阳古籍宣纸厂生产出来的纸张。

蒋放年所生产的纸得到了业界广泛认可，著名版本学家顾廷龙为他
生产的宣纸题词"古籍延年，富阳纸贵"。赵朴初先生在看到影印《龙藏》
所用之纸乃是该厂所造时，特意给蒋放年题字："印经喜得贝多纸，选翰
无如华宝斋"。

但是，蒋放年不满足于只是制造古籍用纸，他想进一步拓展业务，
用自己造出来的纸来做古籍影印。1988 年，他将富阳市一个废弃的啤酒
厂的工棚进行改造，在此挂起了"富阳古籍印刷厂"的招牌，开始了他
的古籍印刷事业。此后该厂迅速扩大，成为国内著名的古籍影印企业。
《中国市场经济建设全书》中写道：

蒋放年的富阳古籍宣纸厂和古籍印刷厂现已从当年的两间工棚发
展成为一座极富江南民居色彩的二层楼房，年产古籍宣纸一百吨，其宣
纸测定的拉力强度可达三千二百二十七米，即将"古籍宣纸"垂直悬挂

三千二百二十七米才会断裂；其印刷厂已可制作一米六长、六十厘米宽的拓片，一部一千页的古籍书照相、制版、印刷、装订只要半个月便可以完成。

蒋放年的脚步仍然不止于此，他从造纸拓展到印刷，接着又从印刷拓展到销售，他在其文中写道："1992 年初，我在香港注册成立了'华宝斋书社'，同时又在富春江畔的鹳山脚下开设了华宝斋书社，专营古籍书和文房四宝、字画等。从造纸到售书，我已横跨了三个行业，而支点却只有一个——那就是古籍文化。"

经过多年的努力，华宝斋从原料毛竹进厂到变成洁白的纸张，而后又印刷出成套的古籍线装书，接下来又拓展到文房四宝的经营，由此而形成了一条完整的产业链。袁亚平在《纸贵富春江》一文中转引了蒋放年的所言："我的工厂由一根毛竹进去，到精美的线装书出来，这在中国，恐怕世界上也是独此一家的。现在，我们宣纸厂一年生产古籍宣纸 260多吨，印刷厂一年影印古籍线装本 60 多万册，至今已影印各类古籍百多种，500 多万册。事业的成功，就是我人生最大的享受。"

事业已然很有成就，但蒋放年为了宣传传统古书文化，决定要创办一个"中国古代造纸印刷文化村"，以此让更多的世人了解到中国书文化的博大精深。1996 年，他正式向富阳市委市政府提交了请求创办中国古代造纸印刷文化村的报告，这个报告受到了各级领导的重视，于是相关部门批准蒋放年的请求，将富春江边一个破产的造纸厂的草料堆放场拨给蒋放年，作为创办文化村用地。经过几年的建设，这里成为富阳著名的文化旅游景点。

2000 年 12 月 25 日，《人民政协报》和《浙江联谊报》在北京举办了"华宝斋与中国传统文化发展研讨会"，在此会上，有多位著名的大学者肯定了华宝斋所创造出的成就。比如季羡林先生说华宝斋对中国传统文化的传承和发展具有积极意义。启功先生说在古代时中国书籍的印刷曾享誉世界，但随着新技术的发展，中国传统古典印刷术受到冷落，而华宝斋却将其承继下来，并且发扬光大。汤一介先生认为蒋放年应该把他影印的这些古籍送出去，让全世界了解中国深厚的传统文化。刘梦溪先生肯定了蒋放年所创的文化村是直接将传统文化介入现代生活。

余外，还有戴逸、王尧、牟小东等多位专家发言，他们各自从不同的角度来阐述华宝斋创造的业绩，这些都给蒋放年很大的鼓励，令他有更大的雄心把华宝斋做大做强。可惜天妒英才，蒋放年在 2003 年因病去世了，他的家人在悲痛之余继续完成他的未竟事业。

2014 年 12 月 2 日，我前去探看蒋放年创造的文化村，这个文化村其实就是华宝斋的造纸和印刷基地。两年前我曾来过这里，那个时候这一带要拆迁，因为文化村处在富春江边，背山面水，按照风水讲，这里位置绝佳。那几年富阳市的领导想把富春江边的风景线展示出来，所以要把华宝斋搬离此地，但给的补偿款跟华宝斋的要求相距甚远。这个僵持阶段，那位领导调走了，这件事也就放了下来，但是文化村入口处的巨大牌楼却被拆除掉了。现在想找到进入文化村的路径有点难，很容易在一条大路边与之擦肩而过，因为如今立在路边的指示牌太小了。

蒋放年去世之后，华宝斋由其子蒋山先生接管，近两年蒋山先生把主要精力放在华宝斋其他业务的拓展方面，造纸和印刷业务则由蒋放年的女婿张金鸿先生负责。我去之前给张先生打电话，他说自己正在厂里，

图二 华宝斋中国古代造纸印刷文化村外景

于是我直接奔此厂而来。眼前的情形跟两年前相比没有太多变化，收发室的工作人员将我拦下，说要买票才能进入，我看到告示牌，写了游览厂区票价是25元，看来我手里拿着带三脚架的相机是标准的游客装备。张金鸿先生远远看到我，跑到近前迎我入内，那位看门者疑惑地看了我几眼，可能奇怪厂长为什么对这位游客这么热情。

入口处的右手边是文化村的展厅，二层的仿古建筑。在正房与厢房之间的空地上，立着毕昇的石雕像，显示着这里的印刷术直接活字之祖。展厅的一楼主要展示的是华宝斋印刷的各种书画作品，我对这些物品兴趣不大，让我感兴趣的是展厅的另一侧，用一面墙展示着造纸的全部过程，可惜展示的全是放大的彩色照片。这些照片之下摆放着雕版和活字。"文革"中最有名的雕塑作品应当是四川刘文彩的《收租院》，撇开时代特征，单纯就系列雕塑的形象展示功能而言，《收租院》中的那些雕塑形象可谓栩栩如生。如果能在这个文化村内将造纸与印刷的全部过程用泥塑的方式，像《收租院》那样一个环节一个环节地展示出来，那绝对能给人留下深刻的记忆。

我对文化村最感兴趣的是造纸的全过程，因为在这里造纸并不只是给游客做的一种表演性的展示，而是实实在在的制作过程。因为纸价上涨，张总说买纸不划算，远不如自己制作，所以华宝斋一直在自己生产手工纸。有意思的是在文化村内还建了一条仿古街，街的两边房间内基本上都是生产纸的各个环节。今日来到这里，每个房间内的工人们都在操作着各自的工序，一张一张地制造着文字的重要载体——纸张。

我对造纸印象最深的环节恰恰是纸张的烘干。文化村内有个大房间，房间的正中是长长的一排火墙，火墙的正反两面全是钢板。工人们揭起一张张湿漉漉的纸，迅速地贴在发热的钢板上，用专用工具将其刮平，让纸张与钢板之间不产生缝隙，以此来保证纸张的平整。纸张贴上去迅速升腾起一团雾气，当工人们贴上第三张纸时，第一张已经烘干完毕，又迅速将其揭下，这个过程快速紧张而极其有序，中间容不得有任何空隙。如此想来，一张纸的价值仅是两三元钱，但看到这一生产过程，真感到劳动力如此廉价。

在另一个房间内，是专门的木版水印车间，用这种工艺制作出来的花笺，当然让人看着就喜欢。在制作出的木版水印作品中，有几个使用了饾版拱花工艺。这些年以这种工艺制作的笺谱不在少数，但真正能达到传统水平的却很少，而我在这里看到的几张确实展现了明代中期以前的水准，这当然值得赞叹，可惜的是这种感觉却用相机拍不出来。当然这也有可能是我的托辞，因为我的摄影技术的确很烂，如果请一位专业摄影师来拍照，一定会让大家真实地体会到这种工艺的神奇之处。

穿过造纸一条街，在另一个街区内看到了华宝斋的成品展示区，里面陈列着各种线装书，从数量上讲比北京华宝斋展示中心的要多许多。其中有一架书全是平装本，这一架书也同样是华宝斋的出版物。近些年华宝斋为了拓展自己的业务，请到了国内多位学者出版有价值的文史书，

图三　抄纸

图四　用火墙将纸烘干

图五　饾版水印工作坊

图六　水印成品

我最喜欢的是这里出版的跟藏书家有关的著作，比如《叶德辉文集》等等。这种书放在一般出版社，或许不愿意出版，从这个角度而言，我很是佩服华宝斋做事的专注。

展示区的其中一张桌子上摆放着多种不同包装的《富春山居图》，这是几年前因为赶上了潮流而得以大卖的品种。我问张总《富春山居图》究竟印了多少，他对此含糊其辞，只是告诉我，这一个品种就至少赚了上千万。看来搞传统文化也要跟得上形势。张总解释说他们并没有紧跟形势地赶时髦，而是在此画热起之前的几年就已经印出来了。他这样说我倒是相信，因为此画的作者黄公望就生活在这里。其实他的祖籍是否在这里我没有查证，但从杭州前往富阳的路上就路过黄公望的故居，并且他的墓也在故居后方的山上。我曾经去瞻仰过黄公望的故居，但去的那天赶上下大雪，工作人员告诉我上山的路因雪而滑，劝我不要上去，使我没能瞻仰到这位著名画家的墓。这个遗憾一直留存到了今天。我记得华宝斋在此之前就影印过黄公望的画作，或许印制《富春山居图》更重要的原因是对这位先贤的追慕，和那部电影其实没多大关系。当然这只是我的猜测，我没有向张总证实这个猜测，但无论怎样，市场证明了并不功利地做事也同样会产生好的经济效益。

在展柜的另一侧，还整齐地摆放着整盒的宣纸，外包装写着"华宝斋宣纸"，看来这种宣纸已经成了华宝斋的品牌，但这种精致的包装在售价上也一定不会便宜。细想之下，其实应当买几刀回来试试，看看在印书方面是否比其他的宣纸更有表现力。

张总告诉我，车间里正在使用古老的石印机印书，问我是否想去看看，我当然求之不得。这个车间面积很大，一字摆开四台巨大的石印机。

图七　声名远播的《富春山居图》

图八　华宝斋宣纸

细看那些机器上的零件，大都已经有了岁月的陈旧感。张总说维修这些设备很麻烦，最难解决的是配件，而他厂里就专门有人会维修和保养这些设备，使得这些古老的设备至今仍能发挥余热。张总同时告诉我，这是国内留存大型石印机最多的地方，至今还能正常使用的可能就剩这么几台了。我看到旁边的印制成品，感觉印刷出来的质量绝对不输于国外的先进印刷设备，并且还有着自然产生的一种古朴感，这也是现代印刷机不能表现出来的感觉。我看着一张张宣纸被送进机器之内，又从另一面一张张印出了字迹，那种感觉特别奇妙。再加上机器因老旧而产生的碰撞之声，听起来是那样的美妙，特别有一种想上去操作一番的冲动。

图九　正在工作的老石印机

　　从石印车间出来，瞬间又回到了宁静的环境，仿佛刚才是一场梦境，又像是某个科幻大片中紧张情节后的缓冲。那种古老与现代的结合，深深地刺激着我的神经，让我对富春江边的宁静顿时产生排斥感。张总带我进办公楼内去喝杯茶，坐在他的四围环绕着线装书的办公室内，我觉得自己又像从工业革命时期穿越到了遥远的古代。近日报纸上热议着美国大片《星际穿越》，里头说出了一大堆的天文、物理学名词，其实我最感兴趣的是能够回到过去，让我重睹古人造纸印书的全过程。我不知道"虫洞"是否能做到这一点。真希望自己能够活到科学家所形容的那一天，并且盼望那一天不会如此的久远，否则"我真的还想再活五百年"。

影印古籍的开拓者

　　我第一次来这家公司的时候，它当时的名字还是叫萧山古籍印刷厂，二十年来由茧化蝶，成为今天的这个印务公司，名称变得高大上了很多。工厂的面积和规模也在一步一个台阶地扩展，但无论怎样变化，都没有离开它始创时的当家本行——线装书的印刷与装订。

　　这些年来，我也请人印刷过一些线装书，大多是在这个厂付印的，我对它的钟爱，不仅仅是因为这里的印刷质量能够得到保障，还有一个重要原因，那就是这个厂的老板张国富先生对古籍也有同样的热爱。

　　关于该厂的历史，公司简介中写道："杭州萧山古籍印务有限公司，创建于一九九八年（前身是萧山古籍印刷厂，成立于1983年），地处萧山区义桥镇王石弄，现有员工八十多人，占地三万二千平方米，厂房四万三千平方米。是一家以传统印制工艺，用宣纸手工制作古籍线装书的专业企业。"经过几十年的经验积累，此厂所出之书在市场上有广泛影响力，公司简介中谈到该厂得到过如下奖项：

公司至今已有 30 多年的历史，本地职工有 20 多年工龄以上的有 30 多位，这是保证产品质量的前提。生产的产品多次荣获"大世界基尼斯之最"称号，被全国各大图书馆收藏。近年来，公司印制的线装图书作为国家级礼品书，由党和国家领导人赠送给外国元首及国际友人（如：《少林武功医宗秘笈》《金色道钉》等），同时，多种产品被国家新闻出版总署评为"优质产品"奖，入选年度二十本"中国最美的书"，荣获第七届上海印刷大奖"金奖"，第三届之江印艺大奖"金奖"等称号；受到了中央电视台、《人民日报》等重要媒体的多次报道和表扬。

对于此厂获得的荣誉，简介中有如下列举：

公司是中国古籍保护协会常务理事单位，全国印刷标准化技术委员会书刊印刷分技术委员会（SAC/TC 170/SC1）《线装书籍要求》行业标准起草单位；近年来被列入浙江省首批重点文化企业、浙江省印刷行业十家特色企业之一，是浙江省文化促进会理事单位，浙江省印刷行业协会常务理事单位，杭州市十大产业重点企业，杭州市文化创意产业协会理事单位。杭州市传统工艺美术品种和技艺保护单位。入选杭州市非物质文化遗产名录、杭州市非物质文化遗产生产性保护基地。被评为杭州市文明印刷企业。被确定为萧山区对外形象基地、萧山区文明单位等。近二年，多项发明被国家知识产权局授予专利权。目前，无论从企业形象、产品质量、企业信誉度，在全国古籍印刷行业中都处于领先地位。为弘扬中华民族传统文化，传承华夏历史精华起到了一定的推动作用。

萧山古籍印刷厂原本只是代出版社影印古籍的工厂，对于这个转变，张德良、张建军所撰《古籍图书在这里焕发青春——杭州萧山古籍印务公司见闻》一文中说："这家公司的前身是萧山古籍印刷厂，成立于1984年。以前，这家厂主要是承接一些课本以及普通书刊的胶印印刷业务。1985年一个偶然的机会，他们得知上海有一批古籍要影印时，这家厂的经理和工人们'初生牛犊不怕虎'，赶到上海接下了这批国务院古籍规划整理小组重点扶持并拨专款予以修复的《古逸丛书》。一个月后，当中华书局派专人专车把从北京图书馆'善本室'拿来的书送到厂里时，从未搞过古籍印刷的员工们都惊呆了：这可都是一批价值连城的书籍啊！可是，员工们没有被困难吓倒。在上海请来的几个印刷厂老师傅的帮助下，经过近百个不眠之夜的摸索、试验，第一本原汁原味的石印本终于成功了！员工们欣喜若狂，欢呼雀跃，许多人流下了热泪……"

但十余年前，老板张国富先生不满足于只是替他人制作线装书，逐渐也想搞些自营品种，故而向数位朋友征求意见，我也是胡乱出主意者之一。后来细想，当时大家出的主意大多是针对自己所熟悉的领域，或想看到某类难得之书，因为出主意的人都没有搞过古籍印刷厂，难以知道其中的甘苦，但张老板听得都很认真。有那么一段时间，社会上喜欢印大书，张老板也动了心，问朋友们哪种大书还没有影印出版过。当时，我刚从某家拍卖行拍到一部大部头的经学著作，顺口就告诉他这部书没有影印出版过。他问我可否用作底本，我告诉他这部大书版本较为复杂，战火之后有递修和补配，我自己还没有搞清楚相互之间的版本关系，要是出版的话恐怕没那么容易。后来张老板认真了起来，他找到某家公共图书馆，询问了底本价格，可能是部头太大的原因，底本费也很贵。张老板告诉我底本总价时，我随口就跟他说这个价格太贵了，都超过了我买原本的价钱，建议他花这个钱还不如自己去买一部，他说哪儿那么容易能够碰得上。

也许是得道多助，半年后在另一家拍卖公司的预展现场上，竟然出现了同样的一部大丛书，张老板真的到拍场上把它举了回来。买回去之后他很是兴奋，问我值不值，我说那当然好，因为今天人们还没有认识到这种书的价值，如果影印出来，这部大丛书的售价一定会超过原本。面粉贵过了面包，这到哪儿也说不过去。他当时听了我这句话感到很高兴，之后，我也没见他把这部书影印出来，也许是手里的活儿太多，给人加工都干不过来，自营就更顾不上了吧。

六七年前，张老板的厂搬到了今天的新址。开业的时候，他请了众多朋友，仅北京就有几十位，这些人中与我相识的书友有十几位，我们结伴来到萧山，给他帮个人场。因为提早到了这里，看到他忙碌于开业前的各种筹备工作，众人觉得不应该在此添乱，于是一起跑到杭州去游览。因为人多，在杭州的西湖边大家包了一辆面包车。西湖边的旅游租车宰人已经到了令人发指的地步，车上的十几个北方汉子哪里能咽得下这口鸟气，差点儿撸袖子打起来。恶虎也怕群狼，那帮家伙也只好息事宁人，因为这个众人不想再打车。那天在杭州去了多个地方，除非走得脚疼了大家才打一下车。因为路程不熟，也有可能是上天为了锤炼我们这帮人，凡是打车去的地方路程都很近，而大家都认为很近的地点，却走了很远的路。众人边走边说笑，还总结出来了一个特点，叫做"远走路、近打车"。

那天的其中一个行程是到孤山的西泠印社参观，当时西泠印社为了建社几十周年出了一种特制的墨，这种纪念墨体形硕大，比一般的筷子还要长。我早就见报道有这么个珍罕物，来到现场，竟然仅余四锭，我立刻把它们都买了下来。但一帮朋友都眼睁睁地盯着我，我哪里好意思都拎在自己手中，于是留下了一锭，把另外三锭分送给三位朋友。可是古人又说"不患寡而患不均"，我从没有得到墨的朋友脸上读到了不满，这让我有些始料不及，但现场已确实无货。于是跟售货员打听，哪里还有卖老墨之处，他还真告诉了我两个地点，于是众人呼啸而去，还真找到了这两个藏在深巷中的小店。

我在店中挑选了一些难得的墨锭，其中有些是四十年前制作的，其实远比那西泠印社的纪念墨更有价值，但到了这情何以堪的地步，也只好忍痛让未得到的朋友每人选一块，当然我自己留下了大部分。可能是因为得意忘形，几天后回北京时，在机场出口只顾着照看那些宝墨，却忘掉了随身的行李，回家之后才发现行李不见了。正焦急时接到了机场公安的电话，说拾到了一个包让我去认领，因为包里有一些对我而言很重要的证件和资料，在绝望之际还能够找回来，当然激动不已。两位公安告诉我拾到这个包的是一位清洁女工，她看路边扔着一个包，四处问人没人接茬，于是站在那里等了挺长一段时间，看到还没人来找，于是把这个包送到派出所里。这句话让我很感动，立即让公安人员找到这位女工，我把包里所有的现金都掏出来，硬塞给了她。

图一　萧山古籍印务有限公司全貌

图二　"杭州市非物质文化遗产"授予牌

新开业的萧山古籍印刷厂，就在这时改名叫了印务公司，相熟的朋友都拿这件事跟张老板调侃，都说他连公司的名字都赶上了新时代，张老板笑着也不回应，只是热情地照应着大家。印刷厂的新址搬迁到了一座小山旁边，在山边的空地上建起了两座大楼，仅办公大楼就有六层高，这跟他以往的厂区相比，岂止是鸟枪换炮。开业的那天，张老板请来了省市区各位领导，在领导们讲话之后，众人才入园参观他的新厂。正是那次，我才知道之前见到的很多精美的书籍都是这个厂印刷出来的。

这一次再来萧山，因为事先没有约定，张老板竟去了北京，他让公司的副总倪韬先生接待我。来的路上他的司机告诉我，张老板又搞下了另一块地，比现在这个新厂区又扩大了几倍的面积。这样的扩展速度，确实让人吃惊。我听到后，不单纯是为他高兴，更高兴的是由此可以折射出古籍的影印出版行业正在蒸蒸日上，有市场需求才有制作工厂的大力发展，这才是真正的"吾道不孤"。

与开业时相比，这里仍然青山绿水、风景秀丽，变化的是一楼大堂多了许多块金属牌。除了一大堆的政府荣誉之外，我最感兴趣的是一块"杭州市非物质文化遗产"的授予牌，授予的内容是"杭州雕版印刷术（传统线装书印制技艺）"，授予的单位是杭州市政府及广电出版局。张老板这个厂我最欣赏的印刷方式，是用单色机一色一色地来印刷彩印书，这样印出来的颜色的饱和度看上去要比四色机印出来的更好。而他这里竟然又有了雕版印刷，我还从来没有听说过，若他果真开展了这个业务，我的很多设想倒有实施之处了。

倪总带我来到四楼的展厅，这个展厅当年也看过，我骄傲于自己当年在此印的几部书如今作为精品，摆在了展厅的显眼位置，本想举起相机拍下来炫耀一番，但顾虑到放在微信中肯定会有其他朋友索要，而我的手里早已没有了存货，出于这个私心，我转而拍照了其他的印本。此地开张时，我曾看上了一部明代彩绘本的《补遗雷公炮制便览》，我觉得这是该厂印刷的精品之一，张老板当时也这么认为，但可惜此书售价奇昂，我不好意思索要。今日再来展厅看到的只是精装本，当年那种带木匣的豪华装却不见了踪影，不知道又便宜了哪位仁兄，真后悔当年没下手。今日又看到了一部彩绘本的《御制耕织图》，倪总说这也是某机构订

图三　明彩绘本《补遗雷公炮制便览》

图四　清彩绘本《御制耕织图》

制的，因为漂亮所以销售状况很好，已经加印了几次。

　　对于该厂出版过的精品线装书，《杭州萧山古籍印务公司见闻》一文列举道："公司印制的中华书局的《古逸丛书》三编、《少林武功医宗秘籍》，人民文学出版社的《金瓶梅》《品花宝鉴》，福建教育出版社的《鲁迅著作手稿全集》，北京出版社的原版《碑帖》《画谱》，中国画报出版社的线装《红楼梦》连环画，中国纺织出版社的丝织《金刚经》，浙江古籍出版社的丝织《论语》等线装书籍。"今日在这里参观，以上这些书基本上都看到了。

随着业务的发展，该厂还创新印制出了丝绸书。在丝绸上印书，据称是该厂的一大发明。1998 年，他们印出了第一部丝绸版的《孙子兵法》，此后又经过多次改进，已然成为国内印制丝绸书最具名气的企业。

参观完展室，我提出去拍照印刷车间，倪总带我来到了印刷大楼里，一个步骤一个步骤地细看了印刷装订的过程。我看那些女工们飞快地给线装书订线，娴熟的程度让我想起孙犁在《荷花淀》中描写妇女纺织席子的优美动作。订线这件事我曾经做过，因为自己的一些线装书断线之后，专门找人修理似乎有些小题大做，于是试着自己动手。但有些问题只是看上去容易，自己做过之后信心备受打击。今日见到此情此景，真想从这个厂拉走一位女工专门去给自己那些线装书订线，但是，这不也是小题大做吗？更何况工厂的印刷车间，绝少让外人来参观，因为涉及了商业经营上的一些秘密。张总能让我拍照，这本身就是一种信任，我竟然打起了挖墙脚的歪主意。想到这一层，很觉得自己有些卑鄙，于是压住此念，悄悄地长了一些正气。

中午倪总请吃饭时，我们聊到了许多经营上的观念，而这些观念都跟我以往的认知相左。我的那些迂腐看法，经常使朋友们嘲笑我到底会不会做生意，其实我自己也怀疑这一点。有些事情我会本能地有一些自有认定，比如我看到南方人喜欢吃竹笋，就总会有些揪心，觉得竹笋就是竹子的婴儿时期，吃掉多少竹笋，就等于吃掉多少未来的参天翠竹。倪总笑着告诉我，事实跟我想得相反，竹笋是越挖竹林才会长得越茂盛，如果一片竹林长期无人挖笋，就会渐渐荒芜。

这个说法打击了我的环保之心，但我又高兴了起来，因为竹子是生

图五 印刷

图六 折纸

图七　订线

图八　压函套

产手工纸的重要原料之一，如果竹子越砍越茂盛，岂不正说明了生产手工纸的原料永无穷尽？倪总告诉我理想化的情况确实如此，但事实是砍下竹子运下山，再运送到使用的厂家手中，这中间所有的费用加起来比那根竹子要贵许多，而真正的纯手工纸浆价格又太便宜，完全竞争不过工业纸浆，所以肯下功夫去做手工纸的人很少。我也做过真正的手工纸，知道他说得有道理。倪总说真正能够区分出来两块钱一张的纸和二十块钱一张的纸有什么不同的人，一千人中也没有一个。我知道他说得有道理，但道理是一回事，要我从心中接受这个现实不知道还要费多少时日。

机械师出身的古籍修复师

　　我问顾正坤先生，怎么就想起来搞一家古籍修复公司？他说这件事要从自己的藏书讲起，而他藏书的起源又跟府军有很大关系。

　　顾正坤说他本是经营图书发行的文化公司，主要是经营新书和挂历等等，起初没有搞藏书。他说父亲信佛，有一年，父亲快过生日时，他想送给父亲一件生日礼物，正好路过南京古籍书店，就走进了店里，在书店里看到了卖线装书的区域。在这个区域中，他突然看到了《康熙字典》，此书让他大感兴趣。顾正坤说，自己小时候看到父亲也藏书，那时候家里有本跟这一模一样的《康熙字典》，后来"文革"时候用火烧掉了，因为《康熙字典》有几十册之多，厚厚的一大摞，烧的时候要一本本地扔进火里，所以他印象深刻。

　　那天，他看到了店里的《康熙字典》，于是拿起翻看，觉得三千块的标价也不便宜。正巧旁边还有一位看书的人，他就问这个人这部书值不值，这个人坦率地告诉他，这个价格有些贵。于是他对这个人就有了好感，就接着问此人，自己想买佛经，应该买哪一部。这个看书的人建议他买明刻径山藏本的《维摩诘经》，因为是明刻明印，所以里面还有版画。顾正坤虽然也认为不便宜，但还是买了下来，又问这个人从哪里能买到便宜的古籍。这个人建议他去拍卖会上，并且告诉他春节后就有古籍拍卖会，如果愿意去的话，他可以带顾兄前往。互留电话的过程中，顾兄知道了这个人的名字叫府军。

　　顾兄把《维摩诘经》送给了父亲，父亲很是高兴，认为这种明版书很稀见，也很有价值，从父亲的夸赞声中，顾正坤意识到府军是个好人。春节一过，他就给府军打电话，说自己想去看拍卖会，从此他就走上了藏书之路。

　　我第一次见到顾正坤是在北京某个拍卖会上，当时是府军给我介绍了这位新朋友。他给我留下的第一印象是儒雅谦逊，我记得他的第一场参拍是拍下了一批期刊的创刊号，有三百多种，我很好奇他为什么第一次进拍场买的是创刊号。但因是初次见面，没好意思直率问之。后来跟顾先生交往渐多，熟络了起来，就忍不住问了他当年之事。他解释说他当时的主营业务是出版发行，想从这些创刊号中找到一些有价值的文献资料，这样既可以拓展自己的经营业务，同时还有收藏价值。

　　在那场拍卖会之后，他又继续买创刊号，之后又买到六百多种。此后未见他再买创刊号。我问他为什么不将此事做到底，他说自己发现这些创刊号是用洋纸印的，很多创刊号的纸张酸化程度严重，这样买下去恐怕用不了多少年，这些杂志就会变成碎纸片。

以顾正坤的韧性，他不会轻言放弃。他仔细地琢磨，如何能将这些杂志修复得完好如初，于是他的注意力又从藏书转到了如何修书上，这就是他修复古书的初始动机之一。

顾先生说他打算搞修书还有一个原因，他停止买旧杂志后，转而跟着府军开始买线装古书，但他买到手的书有一些品相不好，就请人去修理。因为经营新书的缘故，顾兄喜欢看见自己的藏书整整齐齐，但是修回来的书却没有他想象得那么理想，于是顾兄就决定自己修书。但那个时候他对修书一窍不通，通过打听，得知南京本地有一家古籍修复学校，他从那个学校里招聘了几位毕业生到自己公司，开始给自己修书，之后又开始给府军等书圈的朋友修书。随着修书的工作越来越多，他觉得这个行业应该很有前途，索性就单独成立了一家公司，这就是中友公司的由来。

2015年1月7日，我到南京寻访历史遗迹，顾先生开车带我跑了多个地点。在聊天中，他更正了我记忆中的一个错误，他说第一次跟我见面，要比那次拍卖会更早。他第一次跟我见面是在德宝公司的拍卖预展上，顾兄看中了一部明东雅堂本的《昌黎先生集》，他觉得那部书刻得很漂亮，问我可不可以买。我告诉他这是东雅堂的原刻本，当然不错，如果他要，我可以相让，于是他把这部书拍了下来。他说这是他得到的第一部明白棉纸本，所以很感谢我。我说自己早已忘记还有这么一段经历，因为请我让书的人太多了。

我大概在七年前就知道顾正坤搞古籍修复，因为他有在一些拍卖图录上做广告，孔夫子网首页也有中友公司的广告，他的这种经营意识好像比一般的修书者要强很多。我自己的古书修复至少让人做了二十年，有三四家修书者都给我修过书。从传统意义上讲，修书是一个古老的行当，大多是针对私人藏家来开展业务，近些年也逐步开始修公家的书。但基本都停留在私人作坊的层面，很少有像顾正坤这样到处做广告，用现代的方式经营传统业务的。这次我问他广告的作用有多大，他说其实比想象得小些，因为这个圈子太过封闭也太专业，想扩大业务不是件容易的事。

我以前修书主要是在天津，到北京之后，也请天津的朋友来修过一些，但往返取书很不方便，后来就改在北京修，也分别找过几家。北京修书有一个特殊之处，就是修书者和做函套者像是两路人马，很少有人能把一部书从修整到做函套全部做完，所以我在这个过程中需要往返折腾书，这样不仅对书有损伤，还有一个等待的麻烦。例如修回来的书不能插架归位，要等待做函套的人前来量尺寸，但量完尺寸后仍然不能归架，以防顺序混乱，要一直堆放在那里，这种堆放一年半载都是常有的事。因此，我一直盼望着有一家修书公司能够一次性把一部书从修整到做函套全部做完。

大概五六年前，顾正坤先生在北京搞了中友公司的北京分公司，当时他邀请我到公司去参观。这家分公司处在南城的某个小区内，里面的工作环境以及材料储存等等都搞得井井有条，可见顾先生管理能力之高。到这样的公司修书，让人觉得很放心，于是我拿出一些书请他去修理。

过了一段时间这批书修完后，顾先生给我送了回来，仍然是没有函套。顾兄告诉我，公司只修书不做函套，因为做函套需要上另外的设备，此类设备不适合安置在居民楼内，因为产生的噪音会引起投诉。他的所言让我理解了为什么当年天津做函套之人要到郊区去裁板。

　　看来想一次性解决修书问题绝非易事，但是量完尺寸的待修之书堆在那里，看着实在让人心烦。因为这个缘故，我在他那里修书的数量一直也不大，前两年听说这家分公司又撤回到南京总部了。我问过他公司撤回去的原因，他说主要问题就是货源不足。我听了这句话，就觉得修书行业几乎就是一个悖论：一边是修不完的书，一边是没活儿干。比如说我自己，等待修理的书如果按他现在的这个速度，估计许多年都修不完，但是真要拿出一批书去修理，又是很长时间难以完活儿。看来要想解决这个问题，只能到工业区建大型的修复中心，这样既不扰民，又能像流水线作业一样，一条龙地解决所有修复问题。

　　半年前我收到了一批书，品相很差，取书时正好遇到顾正坤，于是将这些书转手交给他，请他去整修。书取走之后，顾兄给我来过几个电话，说书上的套印用的是洋红，这种洋红沾水即洇，所以很难修理。我只好跟他说，那就不要上水了，只做简单的换皮订线即可。顾兄觉得这样跟我交待不过去，劝我耐心等等，以便他想出更好的办法。这次在他南京的公司，顾兄拿出三本已经修好的书，我感觉修的效果很好，他解释说因为这三本书不是套印本，所以就先修了出来，而其他大批量的套印本则需要再等一段时间。因为他打听到了国内某个地方已经研制出了固色剂，正在搞论证，一旦通过了鉴定，他会引用这种固色剂，到时就能解决洋红掉色的问题。顾兄做事专业而认真，追求尽善尽美，这种做事态度最值得赞赏。

　　又过了一段时间，顾先生把那几册洋红套印本修完后拿给我，我顺手翻阅，其所修之书确实手感甚好，更重要的是，里面套色用的洋红完

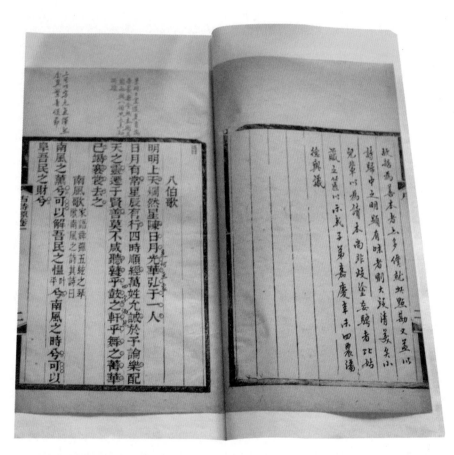

图一　笔者请中友公司修整好的书

图二 修复室

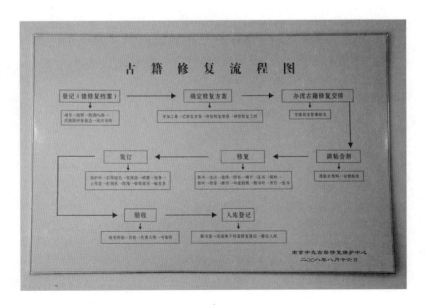

图三 古籍修复流程图

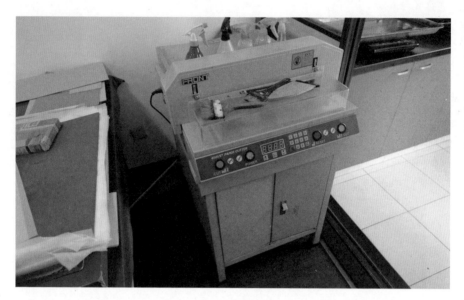

图四　修书专用设备

图五　用竹帘压住揭不开的书页，对其进行加温

全没有因为泡水而洇开。看来他将固色剂用在修书上面的尝试成功了。

在南京寻访过后，顾先生带我去参观他的中友修复公司。该公司处在南京的某个小区内，进门即看到公司的铭牌，上面写着"南京中友古籍修复保护中心"，是用金字刻制后，贴在素白的墙上。旁边还有公司蓝色的 LOGO，下面的摆件是金色的双鹿，我没有问他这有什么寓意，只是觉得这样的摆放看上去很雅致。

公司使用的这套房大约是四室一厅，客厅的墙上挂着详细的操作规程，看得出在管理上顾正坤确实有自己的独到之处。他带着我一个房间一个房间地参观，我最感兴趣的是手工纸浆滴注室，他说这是自己琢磨出来的一种修补办法。因为书中的破洞无论用怎样的纸修补，都会在搭接处有一定的拱起，而他发现将手工纸浆滴注到破洞处，就可以将破损处补平，用这种技术修补出来的书，从外观看平整如初。我觉得这种发明算是一个创新，但顾兄说这个发明他也没有申请专利。我问他从哪里弄到这么多手工纸浆，他说是从安徽泾县的造纸厂。因为在九十年代的时候，挂历还很盛行，他研发出在手工宣纸上印挂历的方法。为这件事他跑到泾县造纸厂进行多次试验，所以跟纸厂很熟悉，现在挂历不做了，但却给他的古籍修复带来了便利。

我在中友公司看到了很多修书用的机械，他说这些机械都是他自己摸索着改造而成的，因为很少有现成的修书机器。这些机器没什么噪音，既不扰民，在使用时还很便利。我惊奇于他为什么会在机器的改造上有这么多灵感，顾兄笑着说这没什么奇怪的，因为他学的就是机械制造，所以只要看看相关的工具，就知道如何能把它改造得更加适用。

在这里看到一些修复人员在静静地修复古籍，他们把古书的装订线

图六　补书页

图七　修边

图八　溜口

图九　配纸用的书库

拆开，然后一页页地补完书页上的漏洞。有些蠹虫不知道是出于怎样的爱好，它们会将古书从上咬到下，形成一个个的圆洞，想来这种咬法很过瘾。但是在修补之时，每个页面都要为之补洞，工作量之大，可想而知。我的性格很难做这么细致的工作，如果让我来修补古籍，估计干不了多久就会抓狂，恨不得一把把蠹虫从书里抓出来暴揍一顿。所以每当我看到修复人员在那里耐心地一点点补洞，就会升起无限的崇敬感。

参观完毕后，顾正坤带我到他的办公室坐下来喝茶聊天，在这里聊的话题当然离不开古籍修复。他说修书看上去很简单，但要想修得完美难度也很大。他承认清代有些古书修复得很完美，有时甚至让人看不出修补的痕迹。但是古人修书更多的是凭自己的经验，出于各种原因，他们没有把修书细节诉诸文字流传后世，所以说古人究竟怎样修古书，今人难以知之，只能靠自己摸索来寻找最佳的修书方式。

顾兄认为，当有些书找不到好的修理办法时，宁可放一放等一等，也不要急着把活儿赶出来，修书跟医生看病有相同之处，要先对古书进行诊断和分析，搞清原因之后，再决定治疗方案。

我们又聊到了中友北京分公司，他说在北京时德宝拍卖公司的老板陈东先生曾参观了他的修书处，感觉很正规，于是拿很多书给他修。闻其所言，我想起每次到德宝看预展时，都会看到很多古书已做过衬装，当时并不知道这就是中友公司所为。其实有不少爱书人对于这种修书方式有诟病，因为有些书页没有破损，只是做了衬纸，就将一册古书变成了两册，甚至有时变成了四册。

古书界有一条不成文的规则——书按册计价，这就让买家多掏不少钱。对此顾正坤也觉得无奈，他说有时修书的方案不是修复公司能决定的，这种情况不仅是德宝，其他一些拍古籍的公司也会要求把相对完好的书拆开后加衬纸。尽管修复公司并不赞赏这种做法，但修复公司毕竟是服务性质的公司，客户的要求是第一位的。顾正坤觉得虽然加了衬纸会破坏书的原装，对装帧有一定损坏，但对书的内容却丝毫无损。经过这样的整修，某种程度上可以说是延长了书的寿命，尤其是金镶玉，虽然看上去不美观，但今后在使用过程中，磨损的是白纸边而非古书。

德宝公司搞古籍拍卖一向以量取胜，所以中友公司的修书工作也源源不断。遗憾的是，陈东意外去世后，修书的量就马上降了下来。北京分公司前后搞了四年，2012年撤回了南京，撤回来的原因就是修书的活儿太少了，公司一直处于亏损状态。我说公家等修的书不是很多吗，为什么不开发公家的修书业务？顾兄说自己也在做，但公家想修的书很多，资金有时却难以到位。以前有几家图书馆，每年有30万的修书经费，现在降到了不到10万。还有一家公馆有一批书待修，他看了书之后，感觉破烂程度较为严重，属于二级破损，但馆里只能给8元一页的修理费。顾兄核算之后，认为这个费用根本不够成本，因为自己的公司管理太过严格，而非正式的公司这个费用就能做下来，它们没有那么多的管理费用。

顾兄还聊到了给南方某家图书馆投标修书的事，他说当时竞标者有三家，也是因为自己的管理费用太高，使得自己的报价最贵，而图书馆为了降低成本，当然会选报价最低者。中标那家的报价仅有中友公司的三分之一，当然能够中标。顾兄认为对方的报价低到不可思议，他怎样算都算不到这个价格，后来果真出了问题。因为总计五百多册要修的书，按照标书规定要九个月修完，实际情况是那家公司中标后修了三年，仅修出来一百多册，最后也就不了了之。

近几年顾兄跟府军办起了古籍拍卖公司，我觉得他的很多精力都投入到拍卖上去了，顾兄也承认这一点，说现在搞拍卖确实很牵扯精力，在修复方面的精力投入就很少了。但他强调说，自己已请到了相关专家以及管理人才，并没有忽视修复方面的业务。他说因为自己做事认真，很多专家都愿意给他提供建议，有不少人都被聘为了中友公司的顾问，他说出了几个国内著名修复专家的名字，由此也说明了中友公司在修复上的成就得到了这些专家的认可。

顾兄强调对员工的培训也很重要，即使是修复学校的毕业生来此工作，也要手把手地盯上一年才能干活。顾兄对高科技的发展也很关注，他告诉我现在已经研究出来等离子脱酸技术，这个技术已经申请专利，等它成熟之后，洋装书的修复也就不再是问题。

我问顾兄搞古籍修复能够挣到钱吗？他说不容易。他从2007年开始搞修复，直到2011年才达到财务平衡。在此之前，他每年都要给修复公司补贴十几万，现在虽然达到了财务平衡，但实现盈利还需要一段时间。他同时强调说，自己搞古书的修复不单是把它看作一门业务，更多的是自己喜爱这个行当，所以即使赚不到钱，也要坚持下去。

聊天间，他给我背诵了明代周嘉胄《装潢志》上的几句话："古迹重装，如病延医""医善则随手而起，医不善则随剂而毙""良工须具补天之手，贯虱之睛，灵慧虚和，心细如发"。他说公司从开始经营，他就留下了完整的修复档案，我觉得这一点非常难得，因为民营公司中极少有这种存史观念的。顾兄又说，他正准备申请修复资质，以前不太在乎这些虚名类的东西，但是现在渐渐感觉到今后可能会有用处。

晚上吃饭的时候，顾兄又聊到了他现在的生意，说图书发行生意现在不好做，因为电子化的冲击以及教辅类的限制，使很多搞发行的弟兄们现在都不好干，今后很可能修书是一条不错的出路。如果他能把修复资质申请下来，今后有可能让搞发行的这些弟兄们有个长期的饭碗，所以他准备扩大修复业务，逐渐形成有品牌效应的公司。

补记：

2021 年春节，我给顾正坤发了贺年短信，按照以往的习惯，除非有事，在正常情况下，他收到信息后都会秒回。然而此次却没有得到回音。此前的一段时间我得知他因病在上海住院，且病情已大为好转，于是我给府军先生发微信，在贺年的同时，顺便问顾正坤身体状况如何。府军说顾先生基本治疗好了，闻听此讯我颇为他高兴。

然而在三天之后的 2 月 15 日，府军突然来微信说："顾兄因感冒诱发肺部感染导致急性心肺功能衰竭，今晨 6 点多去世了。"我闻此讯大感意外，因为前一段时间我跟顾先生通过电话，从声音上没有听出任何异样。我问府军为何这么突然，他说是因为顾先生手术后肺功能差，前几天洗头导致感冒，而且就是普通感冒。

近两年新冠病毒肆虐，顾先生没有倒在病毒之下，却因一场普通感冒而离世。闻讯后我伤感不已，感叹于失去了一位能够聊天的书友，而古籍修复界也痛失一位大有前途的探索者。

现代与传统的结合

扬州线装古籍文化公司

2015 年 1 月 10 日，我来到扬州线装古籍文化公司，徐丽玲董事长指着他们公司的 LOGO 问我："你看我们公司的图标像个什么？"我瞥了一眼告诉她，应该是繁体"书"字的变形。她听到了这个回答，跟几位手下笑了起来，夸奖我果真有眼力有见识。她告诉我，她问过不少来参观她的工厂的人这个 LOGO 是什么意思，大多数人都告诉她这像个书架，让她很是泄气。后来想想，她是做书的，说成是书架倒也是个不错的解释，也算是虚架以待，等着人们买更多的线装书去填充自己家里空荡荡的书架。

我是两个小时前刚认识徐丽玲的，介绍人是李江民先生。这次我来扬州的其中一个计划，是拍摄李江民的刷版工作室。他早晨到酒店来接

图一　扬州线装古籍文化公司 LOGO

我的时候，跟我说，一会儿徐台也来跟我见面。我把"徐台"听成了"徐太"，以为李先生的太太是幕后老板，李江民跟我解释说，徐台就是徐台长，乃是扬州广播电视台的台长。现在徐台长搞起了扬州最大的古籍线装文化公司，聘请了很多有雕版技艺的大师到她的厂里去工作或者合作，而他自己的工作室也搬到了徐台长的工厂内。他告诉了徐台长我到扬州，故徐台长一定要来接我去参观。

　　电视台的台长竟然搞起了古籍线装书，我的脑子一时转不过弯来。我本想向李江民请教这里头的来龙去脉，但李先生给我拿出来了几张大照片和报纸，照片里面是刷版的场景。李先生告诉我，那个背影就是他，他很激动地向我描述着当时见到领导时的情形。我说，从背影上也很难看清楚那个人就是你。李江民说，他对这一点也很遗憾，现场曾经拍照过他的脸，但是报纸上登出来的时候，就只剩下了背影。李江民认为，可能是宣传部门担心有人揣测是给他做软广告，所以就故意刊出背影角度的照片。他还给我拿了另一张报纸看，那张报纸上刊出的照片果真跟李江民给我看的照片一样，也是个背影。

　　说话的过程中，徐台长就进来了，看上去是位颇为干练的中年女士，举手投足间倒没有太多我想象中的那种女干部的豪迈，反而是眉间显现出三分的书卷气。徐台长很热情，把我让上了她的车，先带我去陈义时大师的工作室。在路上，她主动跟我聊起来了自己为什么做起线装古籍这个之前完全不熟悉的业务。徐台长说，自己以前是医生，后来还做过老师，1991年当上了扬州广播电台的台长。她说自己走入线装书这个行当，起因其实很偶然，是有一年她和中央电视台合作做了一档节目，节目的内容是毛泽东评点《二十四史》。虽然说是合作，其实所有的实际工作都是由扬州台来做的。为了把这个节目做好，她做了很多的工作，查了中国档案馆的相关资料，还采访了一些跟此书有关的人员。后来这个节目播出来大受欢迎，为此她又跟中央档案出版社合作出版了一部相关的书，这个书出来之后也大受欢迎，于是她才有了自己来做线装书的念头。到了2012年，因为年龄问题她退居二线，于是在台里面成立了这家古籍线装公司。她强调说，成立这家公司是经过党委会讨论集体通过的。

　　在聊天之中，能够感受到徐丽玲对于古籍的热爱。她说话很有感染力，有着跟她年龄不相称的热情。我真诚地跟她说，她看上去要比告诉我的实际年龄至少年轻二十岁。这倒不是讨她开心的恭维话，看来一个人心理年轻，自然也就能够容光焕发。想想自己，十几年前就被人在自己的姓氏前面加了个"老"字。徐台长说，自己也并非做什么都一帆风顺，她拍那档节目时，在去北戴河的路上发生了重大车祸，她所乘坐的车因为路滑冲下了路基，塞入了稻草堆中，瞬间着起了大火，她说自己能够逃过那一劫真是个奇迹。

　　从陈义时的工作室出来，徐台长带着我直接来到了她位于扬州开发新区的工厂。工厂规模之大超过了我的想象，从外观看上去是一片巨大的现代化厂区，至少有几万平方米的经营面积。在公司的入口处，挂着两排整齐的铭牌，我最感兴趣的是第一块牌子，上面刻着"扬州市雕版印刷传习所"。这块牌子显示着，这个现代化的印刷工厂跟古老的雕版印刷技术有着时空上的延续。

进入工厂，首先是参观一楼的工作间。可能是因为流水作业的设计方式，整个一楼几千平方米的面积都是厂里的包装车间。从工作流程上讲，这种设计方式倒很是合理，因为把书做成了成品之后，在此打好包装，就可以直接运出了。我看了一眼正在装箱打包的线装书是《南山五部》，徐台长解释说，这部书是别处订制的，因为里面有弘一大师的批校，

图二　包装车间

所以对方的订量很大。在包装车间的另一侧，还有裁纸车间正在裁一部线装的金石书。

　　来到二楼，这里是印刷车间。因为今天是周末，工作人员不多，我在这里看到了巨大的现代化印刷设备。徐台长介绍说，这是德国的海德堡最新型号四色一体机，印出来的纸样确实特别清晰。而与之相对的，还有几台古老的印刷机。这种印刷机的外观跟德国的那台先进设备反差太大，所有的滚筒都露在外面，有着一种张牙舞爪的姿态。但徐台长却说，这种设备虽然不先进，但印出来的质量却很不错。她拿起一些印样来，迎着阳光让我细看，我果真看到图画中牌记的部分都表现得很清晰。

　　徐台长又带我来到了传统印刷的工作室，在里面看到有几位工作人

图三　老式印刷机

员正用木版刷印红印本。这就是李江民大师的工作室，徐台长把这间工作室合并进了自己的工厂内。几位工作人员干活的手法很是娴熟，但他们刷版所用的红色颜料，我感觉跟传统的朱砂色有些区别，徐台长也这么认为，她说李江民坚持要用这种颜色。李江民在旁边听到这句话，马上过来解释他觉得这种颜色更受欢迎的原因。我问李江民这种红色里面的配料，他直率地告诉我具体的配方。其实，这种配方刷出来的红印本更接近于民国时候一些红印本的刷色。从趋势上看，红印本的刷色似乎是时间越晚颜色越偏淡，李很同意我的这个判断。

我注意到这些刷印工人所用的棕刷，跟我在别处看到的很不同：这里的棕刷其实是将四个油漆刷捆绑在一起来使用。徐台长解释说，这也

图四　刷版

图五　经李江民大师改造的棕刷

图六　刷印后的版片

是李江民的发明。而李江民说，用这种方式刷出来的印样，一是颜色更加均匀，第二则是对版子的磨损也最小。李江民看到了我的质疑，马上从旁边的一个工具橱内拿出了几把传统的棕刷，当场给我示范，让我从操作的角度理解了他的发明确实既实用又经济。

旁边的架子上除了摆放一些工具，还有一排排的雕版，地上还放着一些水桶和金属盆，盆里面也泡着一些雕版。李江民向我解释了泡版的原因，同时他再一次聊到受领导接见时的场景。我跟李先生说，这当然是好事，如果刷版事业能够引起更多领导的关注，将会推动这个传统技艺重焕生机。

刷印车间的侧边是装订车间，里面的装订人员紧张地操作着。徐台长向我解释说，一些现代化的机器印刷宣纸本并不容易，因为纸张太软，需要在上机子之前对每一张宣纸进行托裱，印出来之后再把托裱的纸撤掉。而装订时，因为宣纸太软，又需要在每个筒子页里面加单页的衬纸，因此装订速度很慢。我看到一位工作人员正在给线装书做包角，其手法很是特别，跟我以往见到的包角方式颇不相同。徐台长解释说，这些工作人员会在实际工作中不断摸索和总结出便利手法，使得如今操作得既快又好。

参观完工厂之后，徐台长带我去看厂里的展厅。其间路过了几个车间，每个车间的名称都起得很雅致，我看到的有"妙手丹青""巧夺天工"等，基本上都是用形容词来给车间命名，这种做法倒很有几分文青气息。

展厅的面积很大，里面全部都是中式装修。在进门的位置我看到了这个工厂曾被授予"第四届中华印刷大奖"。里面陈列着一些工厂印刷的书，其中一个展柜里面摆着的是四大名著。有意思的是，这四大名著的

图七　加衬纸

图八　齐栏

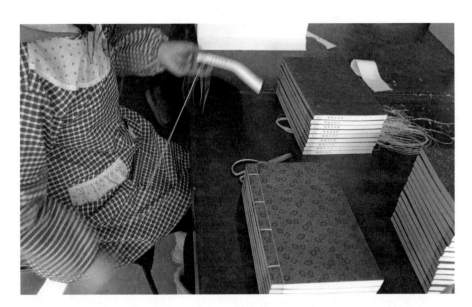

图九　订线

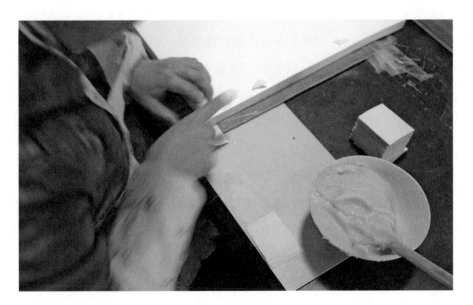

图十　包角

函套封面全部是用雕漆制作的。徐台长解释说，雕漆工艺是扬州的著名文化遗产，而线装书也是，所以，她就想出了一个办法，将这两种文化遗产巧妙地结合在了一起。在里面还看到了各种精美的印刷物，徐台长说，有些东西是她搜集来的，她总想将扬州的一些独特物品跟她所印刷的线装书展示在一起，以此来显示它们都是珍贵的文化遗产。

中午，徐台长把我带到了她们电台的食堂，她说在这里吃饭比在外面吃安全很多。在饭桌上，无意间聊到了《思溪藏》。她说自己正在下功夫把这部宋版的大藏经影印出来。她的这个话让我有些吃惊，因为《思溪藏》就国内公馆所藏而言，只在国家图书馆有一部，并且还不是全本。聊到这个话题，徐台长滔滔不绝地跟我讲起一些细节。她说，自己有一次到国图去查某一部书的底本，无意间看到了堆在某处的一批佛经。她问张馆长这是什么书，张馆告诉了她这部书的珍贵之处，她决定来印这部大书。后来知道日本多个寺庙也藏有这部经，但大多也是残本。但是，前两年，日本方面有人可以提供一些底本。于是，她以国图的这部《思溪藏》作为基础，正在想办法补齐所缺的部分。徐台长说，这件事情已经努力了三年，现在仅缺三十卷就全配齐了。

徐台长告诉我，这件事情得到国内许多有识之士的支持，比如白化文先生就很支持她做这件事，但同时他也担心徐台长投入这么多的资金很可能会赔钱。跟她的聊天中，我知道她对《思溪藏》的了解并不比我少，但我也告诉她国图《思溪藏》补配过程中的一些故事，这让徐台长大感兴趣，一直在嘱咐我看能不能找到另外所缺的三十卷，让她的这个工作真正得到圆满。我答应她回来想办法向几个朋友了解一下，看他们手中所藏的《思溪藏》是否就是她所缺的那几卷。

　　下午，李江民先生带我去参观雕版博物馆，一路上我们聊的都是关于雕版和印刷之事。李先生告诉我，自己以前跟着家人被下放到了农村，直到 1979 年才回城进了古籍书店，从此就爱上了雕版和印刷这个行当。他告诉我说，现在扬州跟雕版和印刷有关的从业人员在 1000 人左右，但真正能在国内排上号的也就 17 个人，陈义时排老大，因为陈是国家级的非物质文化遗产继承人。李江民自己则排老三，因为他是省级的传承人。他告诉我，自己早已从工作单位退休，现在每个月的退休金有 1000 多块钱，再加上因为是省级传承人，所以国家每年给 6000 块的津贴，他已经觉得挺满足。李先生告诉我，他现在还兼职于南京金陵科技人文学院，在那里讲古籍修复，每次讲一天六节课，校方给 870 块的劳务费，另外还给 250 块的路费。他强调自己在教学育人，并不在乎这点钱。

　　我更关心现在的雕版印刷行业，李先生告诉我现在自己的工作室有 8 个工作人员，他准备扩大经营，增加到 15 个人。现在他自己已很少亲自操作，主要的精力用于揽活儿，同时他又强调培养大学生的动手能力，让他觉得比揽活儿更有价值。他说自己不想做个纯商人，因为荣宝斋曾经邀请他去北京工作，每月给 8000 块的报酬他都不想去，他说不去的原因，是北京的饭菜不好吃，而扬州才是真正会生活的地方。

　　我问李先生靠刷版一年能有多大的收入，他说前两年生意好的时候很能赚钱，2013 年收入了 170 多万，但 2014 年就不行了，一年挣了不到 40 万。这是因为受到中央八项规定的影响，买礼品的人一下子减少了很多。但他同时认为，礼品市场现在并没有完全死掉，而是还有另外的一种形式，比如私人对印刷物更感兴趣，所以他改变了方式。去年（即 2013 年）是毛泽东诞辰 120 周年，他刻制了 3.8 米长的《沁园春》，将其中一卷捐给了湖南省博物馆，引起了不小的轰动，也由此挣到不少的钱。

聊到现在的计划，李江民说，他正在做一套木版刷印的《扬州八怪书画集》，这部书画集总共有 120 个筒子页，里面涉及 15 个人物，他请了八位国家级的雕版大师，请他们每人刊刻其中几幅。扬州一地当然找的是陈义时，另外还找了天津杨柳青、山东潍坊、陕西宝鸡、河南开封、河北武强等不同地方的几位大师，共同来刊刻这部书。李江民强调自己擅长组织，他认为这套雕版刻出来一定会引起轰动，也一定能挣到钱。

聊到挣钱的事，李江民很痛恨现在的电脑机器雕刻，他说这种刻版方式对行业冲击很大，人工刻版平均每天能刻 30 到 40 个字，但是机器雕版一天就能雕 1000 多字。虽然机器雕远远没有手工雕那样的自然圆润，但是真正能够区分出来是手工雕还是机器雕的人毕竟很少，所以很多人就用机器雕冒充手工雕赚到了大钱。我又问到他现在的其他一些工费，李江民说，现在刻一个字的费用大约是 3 块到 5 块钱，而以前刻一个字才 1 块钱，人工成本现在越来越贵。但他强调这个行业必须坚持诚信经营，现在有些人的做法让他很看不惯，他希望这个行业能够得到应有的净化，只有这样才能将这个古老的行业延续下去。

从扬州回来后不久我就接到了徐丽玲的电话，她兴奋地告诉我，自己又补配到一些《思溪藏》，现在仅仅差四卷了。她把这四卷的卷名发给了我，希望我一定想办法帮她配齐。我隐隐地觉得很多事情有时觉得太难，让自己想都不敢想，但有些人做事却无所畏惧，不管前方面临的是什么，都能斗志昂扬地坚持下去，而我却缺乏这种难得的品质。

人物篇

风尘中的公使库刻本

唐仲友

2018 年 9 月 1 日到 5 日，《北京青年报》青睐读书会组织了一场文化寻踪之旅，此事的起因是该报副刊编辑王勉老师对我进行的一场采访。在我们约定的地点，我还见到了该副刊主编陈国华先生。在采访的过程中，陈先生问起我关于寻访之事，我大略讲述了寻访的步骤和方式。陈先生又问到了我下一场寻访的状况，我一一向其禀报，而后他提出其社读书会的成员也愿意与我同行一程。

如果从寻访藏书楼算起，到如今我的历史文化遗迹寻踪之旅已经进行了 18 年，每一程的寻访方式都略有变化，但浩浩荡荡带一队人马一同前行，却未曾尝试过，我的脑海中不禁勾勒出旅游团导游的形象。在人们心目中，导游这个职业的口碑偏负面，其中受人诟病最多的就是带游客到指定的商店购物而以此吃回扣，但我没有这样的业务考核，想来单纯地扮演一把导游也是很好玩的事，于是接下了这个任务。

经过青睐读书会相关人员的一系列联络，终于得以成行。9月1日一早，我们在北京南站集合，在那里见到了18位团员。陈国华事先告诉我为了便于轻松地寻访，他们从800多位会员中只选出12位，但因为报名踊跃，所以队伍还是略有扩编。看到前来的团员们个个温和善良，我略显忐忑之心瞬间安然。

因为彼此不熟悉的缘故，五个多小时的高铁我与众人交谈不多。也许是为了打破旅途的岑寂，陈先生命其报一位记者艳艳对我进行采访。艳艳的问题冷静直率，看得出她的专业素养颇高，而因为高铁上的嘈杂，我只能尽量提高嗓门回答着她的所问。到达湖州站时，王勉老师方向我逐一介绍每位团员。也许是约定俗成的习惯，他介绍的均为网名，比如有徐夕、朝阳山人、梁伊伊、徒手、清茶、枝兰叶香、天使爱美丽、涨涨妈、借纸等，其中铸剑非攻这个名字最令我遐想，凯哥和溪哥虽然都是哥，其实却是两位美女，而鱼一则让我想到了"鱼我所欲也"，D.D.Lan想来是尊姓大名的简称。余外的几位团员未能记住名字，于此恕我不能一一道及。

我们在湖州高铁站出口处见到了前来迎接的淡淡小姐，陈先生介绍说，淡淡是他们副刊多年的作者，并且是青睐读书会网站的版主。在出站前，王勉已经告诉我有人来接站，此人名淡淡，我当时却听成了蛋蛋。以我的想象，名字叫蛋蛋的定然是一位彪汉，然眼前所见的淡淡却是一位女士，好在我的尴尬别人不知道。淡淡一脸的笑容，瞬间让所有的团员们热络了起来。而后几天的寻访，让彼此的生疏消失殆尽，同时也让我感受到了这种寻访方式的省心。虽然每天一个城市，但每天有多个寻访点，所到之处的吃住行都有人妥善安排，可见青睐读书会在人文寻访方面有着成熟的经验。这种周到安排，更让我体会到了集体寻访的乐趣。

四天半的共同寻访过后，很快到了结束的时间，团员们将乘 9 月 5 日中午 12 点半的高铁返京，我则继续前往江西寻访下半程。由于 4 日晚上并没有住在金华，故第二天一早，就乘大巴由兰溪赶往金华去探看最后一个寻访点。这里是宋代著名的丽泽书院，遗憾的是，该书院完全没有了痕迹。突然间多出来的空闲时间不知如何打发。王勉老师经过搜索，发现此处距当地著名的历史遗迹八咏楼不远，于是提议带众人前往那里探看。

八咏楼虽然我没有去过，但早闻其名，知道该楼跟沈约和李清照有一定的关系。我的寻访之旅有着太强的目的性，这两位前贤我已写过，从效率角度来说，我尽量不访已经写过的人。但经过这几天的寻访，我已与众团员们有了感情，既然有了充足的时间，不如与大家一同前去观览，于是欣然同意。众人集体步行跟着手机导航直奔八咏楼而去。

前往八咏楼的路要穿过一条古街，街两边的仿古建筑引起了众人的兴趣，大家边观览边往前。走到这条路的中段，远远看到右手的广场上立着一尊高大的石雕像，旁边的商户介绍说那是沈约。而与此雕像遥遥相对的是一座高台，高台上的仿古建筑就是著名的八咏楼。

在八咏楼的入口处看到了文保牌，拾级而上，方知这里要收费入内。这原本是临时添加的项目，但王勉老师为了让大家尽兴，买票请众人进内参观。走到台阶的中段，我看到一个小门，门楣的砖雕上刻着"蓉峰书院"。古代书院也是我寻访的项目之一，只是这座书院未曾听闻过，我

图一　八咏楼

图二　蓉峰书院

很想入内拍照，可惜连续拍门里面也没有回应，只能错过这次难得的机会，跟随众人继续向上前去探看八咏楼。

八咏楼大概分为两层，前面是敞开式的厅堂，后墙上嵌着一些古代的碑石。碑石前有一组塑像，说明牌上写着："东阳（金华）郡太守沈约邀高僧慧约（金华山智者寺住持）登楼雅聚。"

沈约站在那里看上去颇有气势，只是塑像的腰有些粗，不符合人们心目中的"沈腰潘鬓"，但是从他那刚毅的眼神，可窥其建造此楼的"其喜洋洋者矣"。有不少的文献都说八咏楼的建造者就是沈约，宋叶适在

图三　沈约与高僧慧约的雕像

《宝婺观记》中称："观即八咏楼也……浙以东兹楼称最焉。昔沈约始建。"
对于此楼的建造者及楼名的来由，明初宋濂在《八咏楼诗纪序》中也有
明确的说法："八咏楼在婺之城上西南隅，其建立也，实昉于武康沈休文。
齐隆昌初，休文以吏部郎出守是邦，刑清讼简，号称无事。既创楼，名
之曰玄畅，复为诗八咏，以写其山川景物之情。"

　　然而严军所撰《八咏楼考略》一文中引用了陈冬辉《沈约·八咏
诗·八咏楼》中的所言："《万历金华府志》云，玄畅楼为沈约所建，此
说不可信，理由是：（1）《太平寰宇记》未言玄畅楼为沈约所建，仅谓宋
沈约造次吟咏于此处。（2）沈约在金华为东阳太守，为时极短，似不可
能一到郡所，立即大兴土木，建造此楼。故玄畅楼为何时何人所建，目
前文献不足，尚须俟诸异日另作考证。惟在沈约来金华前已有此楼，则
可断言。"

　　陈冬辉认为建楼者不是沈约，因为沈在来金华之前该楼已经存在。
但相关的文献也能对这种说法提出反证，比如清胡凤丹在《金华诗录外
集》中称："金华山峦幽丽，涧谷清甘，本浙东名区，来莅兹土者往往多
文儒硕彦，如晋之范汪、王濛、袁宏、殷仲文、蔡兴宗，南齐之伏亘、
王志俱在休文前于金华，未见有吟咏流传。"

　　胡凤丹的推论也有些道理：如果该楼在沈约来此之前已经存在，怎
么沈约之前的那些文人，却没有一位有歌咏此楼的记载？既然这是一处
名胜，那些文人们岂肯放过题咏的机会呢？因此该楼存在于沈约之前这
一说法，也确实拿不出有力的证据来。

　　且不论八咏楼究竟是什么时候造的，它却的确是因为沈约才名扬天
下，故将他的塑像立在此楼的最显要处，无疑是正确的表达方式。

　　拾阶登上二楼，这里面也布置成了展厅的模样。因为李清照曾经踏足，使得这座楼更加成为文人雅士流连忘返之地。展厅的几面墙上以展板形式介绍着与八咏楼有关的历代名人，其中一个展板引起了我的注意，这个展板的上端写着"婺学大家"，内容介绍的则是唐仲友。

　　关于唐仲友，最具名气的事件是他跟营妓严蕊的故事。这个故事广为流传，尤其是严蕊填的那首《卜算子》，成为宋代之后各种词集中经常收录的词作。然而到了现当代，这件事的真伪却起了争议。我曾到台州去参观过台州府衙，那是唐仲友任职之地，没想到六年过后，在这里又遇到了他。

图四　"偶遇"唐仲友

关于唐仲友跟八咏楼的关系，光绪版《金华县志》中称："齐隆昌元年沈约为东阳太守，尝登此赋诗，复制八咏，唐时遂易今名。宋淳熙十四年知州李彦颖以旧楼褊迫，就东偏重创宏敞，郡人唐仲友续拟《八咏》序其事，并勒约诗于碑。元毁于火而重建者再，洪武五年重造宝婺观，即楼故址改建玉皇阁，道士移其榜于城楼，后阁毁而楼复旧址。皇朝屡次修建至今存焉。"

原来唐仲友曾在此楼写过《续八咏诗》。沈约在任金华太守时，曾写过一首《玄畅楼八咏》："登楼望秋月，会圃临春风。岁暮愍衰草，霜来悲落桐。夕行闻夜鹤，晨征听晓鸿。解佩去朝市，被褐守山东。"对于此诗，严军在文中写道："（沈约）吟完此诗，意犹未了，又将诗的每句为题，扩写八首长诗，诗无定句，句无定字，每篇长达230至250字。此诗影响极大，脍炙人口，收入《玉台新咏》。明吴之器《婺书》说沈约之诗，'至今以为故实，好事者家有之'。"

看来沈约对此楼极其喜爱，他写出此诗后，犹不能已，竟然扩写成了八首长诗。这组诗名气很大，却并不是人人喜欢，有人称此诗为该楼之辱，宋朝金华人夏明诚在《八咏赋序》中说："齐梁之间，正道湮没，隐侯居是，时卉春稼秋，往往得志，赡文词，乏器识，工于四声八病之别，而三纲九法之大者，置而不问。怀中之诏，至今羞之。彼其视国如传舍，视君如奕棋，而己之眷眷乎台司也，则认为我有而不能顷刻忘。呜呼，是何不少概乎吾心者耶？出守是邦，郁郁不乐，哦为《八咏》，以自陶写，解佩被褐之号不诬也。顾以是名楼，辱矣！"

这真可谓各花入各眼，夏明诚竟然有着这样的解读。好在当地著名学人唐仲友对此诗评价甚高。宋淳熙丁未年（十四年，1187）八咏楼扩建时，唐仲友仿沈约八咏诗，也写了八首长诗。唐仲友在《续八咏序》中替沈约鸣不平："后人或引佐梁之事，訾在齐之作，才名受屈久矣。"可见，唐仲友能够客观公正地评价前人。而他继沈约之后所作的《续八咏》诗太长，在此仅引其第八首《冬野雪垂垂》：

雪垂垂，迥野望中奇。
冥迷一色混，琢镂万般宜。严风初作意，爱日为收曦。
千山淡若惨，万壑冻无姿。同云忽冱合，飞絮渐分披。
漫天历乱落，洒槛横斜吹。粉浸两溪浪，琼削千林枝。
素虹桥枕渚，冰柱瓦流澌。田种皆雍伯，弦绝非子期。
沙头雁影灭，城角乌声悲。烟孤辨村墅，天沉迷酒旗。
爱登楼之纵目，忘起粟之侵肌。忽愁容以暂开，漏朝晖之照瞩。
射积素之峰岭，认微波之溪谷。灿垂檐之明珠，烂开府之群玉。
凛暮寒而复凝，洒夜声而相续。睹开阖以多端，玩朝昏而未足。
孤松气犹刚，百谷土增沃。积阴那可久，见晛深所欲。
白雪与阳春，愿赓郢中曲。

在八咏楼上能够看到唐仲友的事迹介绍，并且得知该楼与唐仲友也有关联，这让我颇为感谢青睐读书会，若不是跟随他们来此游览，我就不能了解到唐仲友与该楼之间的关联。而后我们继续参观，在另一个展厅内看到了现代书法家所书歌咏八咏楼的诗词，在这里还看到了一个列表，原来有那么多的历史名人曾登临此楼。我在这里看到的大名有贺铸、王十朋、张栻、赵孟頫、王世贞、汤显祖、董其昌、胡应麟等，真可谓

"江山留胜迹，我辈复登临"。

在这里的院落中还看到了碑廊，其中两块碑与当地的书院有关。这些都是我未曾查到的史料，意外的收获使我兴奋了起来，于是跟随众人在参观完八咏楼后继续沿古街前行。在此街的尽头还看到了侍王府纪念馆，于是随众人进内参观。参观完毕后，在侍王府的一堵黄墙前，伊伊给众人录了一段影像，她让队员排队走过此墙，而后做招手状，以此表明这趟寻访之旅至此结束。也许是因为大家有了惜别之情，我感到每个人的表情都太过严肃，故我走到镜头前做滑稽状，引得众人欢笑不已。

图五　丽正书院收支征信碑　　　图六　创建长山书院碑记

说回到唐仲友，他与严蕊的故事虽然流传极广，但若细细读来却不是件乐事。他们两人的故事，最初记载于洪迈的《夷坚志》："台州官奴严蕊，尤有才思，而通书究达今古。唐与正为守，颇属目。朱元晦提举浙东，按部发其事，捕蕊下狱。杖其背，犹以为伍伯行杖轻，复押至会稽，再论决。蕊堕酷刑，而系乐籍如故。岳商卿霖提点刑狱，因疏决至台，蕊陈状乞自便，岳令作词，应声口占云：'不是爱风尘，似被前身误。花落花开自有时，总是东君主。去也终须去，住也如何住。若得山花插满头，莫问奴归处。'岳即判从良。"

对于此事，宋周密在《齐东野语》中的讲述更为详细：

其后，朱晦庵以使节行部至台，欲摭与正之罪，遂指其尝与蕊为滥，系狱月余。蕊虽备受箠楚，而一语不及唐，然犹不免受杖。移籍绍兴，且复就越，置狱鞠之，久不得其情。狱吏因好言诱之曰："汝何不早认？亦不过杖罪。况已经断，罪不重科，何为受此辛苦邪？"蕊答云："身为贱妓，纵是与太守有滥，科亦不至死罪。然是非真伪，岂可妄言以污士大夫？虽死，不可诬也！"其辞既坚，于是再痛杖之，仍系于狱。两月之间，一再受杖，委顿几死。然声价愈腾，至彻皇陵之听。

未几，朱公改除，而岳霖商卿为宪，因贺朔之际，怜其病瘁，命之作词自陈。蕊略不构思，即口占《卜算子》云："不是爱风尘，似被前缘误。花落花开自有时，总赖东君主。去也终须去，住也如何住。若得山花插满头，莫问奴归处。"

即日判令从良。继而宗室近属，纳为小妇，以终身焉。《夷坚志》亦尝略载其事而不能详，余盖得之天台故家云。

这个故事表达出了严蕊虽身为营妓，却有正直之心，无论受到怎样的酷刑，也绝不污蔑唐仲友，这正是后世普遍赞赏严蕊之处。然而 1988 年第 2 期的《文学遗产》载有束景蕙（即束景南先生）所撰《〈卜算子〉非严蕊作考》一文，该文写道："淳熙九年朱熹在浙东提举任上弹劾赃官唐仲友，事涉台州营妓严蕊，后来岳霖判案，严蕊作《卜算子》陈诉，遂判从良。这一才妓艳事流传了近千年，可以说是家喻户晓。严蕊因这一首《卜算子》而被作为著名女词人载入词史，这首《卜算子》也就一直被选入古今各种词话、词选等著作中，流传在大学讲台和文学史上，直到今天，严蕊作词的艳事还被编成各种戏剧、电视剧、小说广加传播。其实，《卜算子》并非严蕊所作，岳霖判案、才妓作词云云，纯属子虚乌有。"

束景蕙在此文中提到了洪迈及周密的记载，认为："实际洪、周所记几乎无一属实。朱熹在台州一共不过二十五天，他在七月二十三日到台州，最初受审押往会稽的是伪造官会子的要犯蒋辉一干人等，严蕊则早被唐仲友落籍偷偷送归黄岩亲戚处隐居，在八月上旬才由黄岩追到严蕊，由本州通判赵善伋负责问供，一问即招，朱熹劾状就根据严蕊等人口供事实写成，又何来严蕊'一语不及唐''虽死不可诬也'之事？"

唐仲友与严蕊之事乃是因为朱熹的勘察才暴露的，而后朱熹将唐仲友的所为报告给朝廷，为此前后写了六状。束景蕙在文中引用了第五状的一段话："此数日来，忽复舒肆，追呼工匠，言语诪张，至以弟子严蕊系狱之故，中怀忿切，公遣吏卒突入司理院门，拖拽推司，乱行捶打，其狂悖无忌惮之气，悻然不衰。及至本州结录引断蕊等罪案，仲友又遣客将张惠传语通判赵善伋云：'已得指挥，差浙西提刑前来体究，未可引断。'"

对于此话，束景薰予以了如下解读："可见严蕊因同伪造官会子的蒋辉罪状不同，一直系狱本州，并未押送绍兴府。八月十日以后，反道学的宰相王淮（与唐仲友为姻亲）之流想出另派浙西提刑来究办此案的办法，阻挠朱熹继续审理一应在押犯人，保护唐仲友。所以朱熹在八月十日以后已奉命无权再插手过问此案，只好在八月十八日离台州。蒋辉、严蕊等人在狱中实际受到保护，无人过问，安然无事，到十一月初便都以无罪全部释放（朱熹《文集》卷二十二《辞免进职奏状》二），又哪里有'两月之间，一再受杖，委顿几死'和岳霖决狱判良之事？"

关于严蕊这首《卜算子》的真正作者，束景薰在文中引用了朱熹劾唐仲友第四状中的所言："今年二月二十六日，宴会夜深，仲友因与严蕊逾滥，欲行落籍，遣归婺州永康县亲戚家，说与严蕊：'如在彼处不好，却来投奔我。'至五月十六日筵会，仲友亲戚高宣教撰曲一首，名《卜算子》，后一段云：'去又如何去，住又如何住？但得山花插满头，休问奴归处。'五月十七日，仲友贺转官燕会，用弟子祗应，仲友复与严蕊逾滥，仲友令严蕊逐便，且归黄岩住下来，投奔我，遂得放令逐便……至二十三日，行首严蕊落籍。"

针对朱熹的这条诉状，束景薰认为"这些都是得自严蕊等人的亲口招供。既说是'后一段'，当然还有上段，必就是流传至今的这首脍炙人口的《卜算子》了"。而严蕊落藉婺州之事，朱熹在劾唐第三状中也曾提及："行首严蕊稍以色称，仲友与之媟狎，虽在公筵，全无顾忌。公然与之落籍，令表弟高宣教以公库轿乘钱物津发归婺州别宅。严蕊临行时，系是仲友祖母私忌式假，却在宅堂令公库安排宴会，饯送严蕊。"因此，束景蕙认为："可见《卜算子》的真正作者是唐仲友的表弟'高宣教'，是他在五月十六日用公库送严蕊往婺州永康的宴会上作的。这个高宣教本是一名乘轿出入娼家的放浪子弟，专为唐仲友交通关节、受财纳贿的心腹爪牙，朱熹在劾状中一再提到他的秽行丑闻。这首《卜算子》，是他效法柳屯田的才笔为娼家子弟代诉艳情。"

按照束景蕙所言，是洪迈编造出了这样一个故事。至于他编造的动机，束景蕙认为："庆元二年洪迈编《夷坚支庚》，正是道学党禁大起之时，反道学当权派以文字杀人，有关朱熹的谤文谗书、流言罪名多如猬毛，编织诬造道学丑闻秽行在社会上十分风靡，不少便为反道学的采风者们信手拈得。洪迈说这则严蕊冤案的道听途说是得自'景裴'，'景裴'就是洪景裴，是洪迈（景卢）的兄弟（见洪适《盘洲集》），这一故事的收集编造正是洪迈兄弟反道学的共同杰作，其真实目的在于为王淮党翻案、替唐仲友洗冤和打击当时已遭禁的朱熹道学一派。"

对于束景蕙的这种结论，汤兴中、林振礼在所撰《宋词〈卜算子·不是爱风尘〉作者补证》一文中表示赞同。该文发表于1994年《泉州师专学报》第2期，文章首先写到了朱熹被宰相王淮推荐到浙东任职之事，"宋孝宗淳熙八年（1181）九月，新任宰相王淮推荐朱熹调任提举浙东茶盐公事，主持浙东赈灾。朱熹深谙官场积弊，入京面奏孝宗，陈述救灾计划，请求增拨救灾粮款，尤其是要求调遣赏罚的人事权力。这些，得到孝宗的口头允诺，似乎可以放手赈灾了。这样，拖到十二月六日才正式上任"，而后该文讲到了朱熹到任后发现唐仲友违法之事：

朱熹到浙东，先巡历绍兴府、婺州、衢州，发现官吏豪绅在赈灾中阳奉阴违、营私舞弊问题多起，就一路纠查弹劾。淳熙九年七月十六日赴台州，路途中发现不堪催逼赋税的台州灾民，成群结队向外地逃亡，朱熹即于十九日上了弹劾台州知州唐仲友的第一状。二十三日抵达台州，马上发现唐仲友在重灾之中提前严催赋税的"舞智循私"罪行，当日就上了弹劾唐仲友的第二状。接着，陆续查出唐仲友累累骇人罪行：偷盗公库，贪污官钱，伪造纸币，仗势经商，姻党横行，蓄养亡命，科罚虐民，狭妓淫滥，等等。朱熹一面纠查审讯，一面俱实上奏。这六篇弹劾状，收集在《朱文公文集》第十八、十九卷中，言之凿凿，触目惊心。据以查办，唐仲友是难逃死罪的。

之后此文又讲到唐仲友通过王淮等人的斡旋，最终化险为夷之事，文中引用了吏部尚书郑丙对理学的弹劾，《宋史·郑丙传》中称：

朱熹行部至台州，奏台守唐仲友不法事，宰相王淮庇之，熹章十上。丙雅厚仲友，且迎合宰相意，奏："近世士大夫有所谓'道学'者，欺世盗名，不宜信用。"盖指熹也。于是监察御史陈贾奏："道学之徒，假名以济其伪，乞摈斥勿用。"道学之目，丙倡贾和，其后为庆元学禁，善类被厄，丙罪为多。

对于这件事，《宋史·王淮传》中也有所提及："初，朱熹为浙东提举，劾知台州唐仲友。淮素善仲友，不喜熹，乃擢陈贾为监察御史，俾上疏言：'近日道学假名济伪之弊，请诏痛革之。'郑丙为吏部尚书，相与叶力攻道学。熹由此得祠，其后庆元伪学之禁始于此。"关于严蕊问题，汤兴中、林振礼在文中写道："而被朱熹究办的营妓严蕊，并非无辜。她跟唐仲友父子亲戚多人淫滥，并且依仗唐仲友的庇护，逢迎官场，干预讼事，招权纳贿，助纣为虐。她由唐仲友张罗，于淳熙九年五月二十三日伪称年老落籍。那阕《卜算子》，也不是洪迈所说她在岳霖判其从良时的即兴之作，而是早在淳熙九年五月十六日唐仲友张罗为她脱籍而设筵时，唐仲友的表弟宣教郎高某（跟严蕊亦有奸情）即席所制。"

以上这些记载均称朱熹发现了唐仲友的违法之事，而后连续六次举报，后世当然要猜测朱熹为什么要一再举报唐仲友，除了职责所在，是否还有其他问题呢？而吴子良在《荆溪林下偶谈》卷三中说过这样一段话："金华唐仲友，字与正，博学工文，熟于度数，居与陈同甫为邻，同甫虽工文，而以强辨侠气自负，度数非其所长。唐意轻之，而忌其名盛。一日，为太学公试官，故出《礼记》度数题以困之，同甫技穷见黜。既揭榜，唐取同甫卷示诸考官，咸笑其空疏，同甫深恨。唐知台州，大修学，又修贡院，建中津桥，政颇有声，而私于官妓，其子又颇通贿赂。同甫访唐于台州，知其事，具以告晦翁。时高炳如为台州倅，才不如唐，唐亦轻之。晦翁为浙东提举，按行至台，炳如前途迓而诉之。晦翁至，即先索州印，逮吏旁午，或至夜半未已，州人颇骇。"

吴子良说唐仲友恃才傲物，与陈亮为邻时，很看不上陈亮，甚至在一些公开场合嘲笑陈亮考试作文之差。唐仲友的所为当然令陈亮十分生气，后来唐仲友在台州做官时，虽然工作很有业绩，却与严蕊私通，而他的儿子也行贿赂之事，这些事情被陈亮得知后告诉了朱熹。唐的高傲态度，也让他的下属很不满，于是这些人纷纷举报唐仲友。这正是朱熹弹劾唐仲友的原因所在。

　　对于这件事的真伪，全祖望续写的《宋元学案》卷六十有《说斋学案》一文，专谈唐仲友及其传承人。文章首先介绍了唐仲友其人，说他是位能吏，工作颇有成效，而对于朱熹弹劾唐仲友之事，全祖望写道："晦翁为浙东提刑，劾之。时先生已擢江西提刑，晦翁劾之愈力，遂奉祠。先生素抗直，既处摧挫，遂不出，益肆力于学，上自象纬方舆、礼乐刑

图七　唐仲友撰《金华唐氏遗书》卷首，清道光十一年（1831）翠薇山房木活字本

图八　唐仲友序言，载清光绪十年（1884）黎庶昌刻《古逸丛书》之七单行本《荀子》

政、军赋职官，以至一切掌故，本之经史，参之传记，旁通午贯，极之茧丝牛毛之细，以求见先王制作之意，推之后世，可见之施行。"

经过朱熹的弹劾，唐仲友被撤职，而后他回到家乡，把全部精力用在了著述和讲学方面。而对于唐仲友的著述，《宋元学案》的评价是："先生之书，虽不尽传，就其所传者窥之，当在艮斋、止斋之下，较之水心则稍淳，其浅深盖如此。"随后列出了详目：《六经解》一百五十卷、《孝经解》一卷、《九经发题》一卷、《诸史精义》百卷、《陆宣公奏议解》十卷、《经史难答》一卷、《乾道祕府群书新录》八十三卷、《天文详辩》三卷、《地理详辩》三卷、《愚书》一卷、《说斋文集》四十卷等等。

唐仲友竟然有这么多的著作，为什么后世却少有人提及他的学问呢？全祖望在《宋元学案》的按语中做出了解释和总评，他将吕祖谦、陈亮与唐仲友的学问并提，认为三人各有自己的独特学说，但正是因为朱熹的弹劾，加上之后理学风行天下，所以唐仲友的学问湮没无闻了。四库馆臣在这方面的持论则较为公允，《四库全书总目提要》在为孔平仲《珩璜新论》所写提要中说过这样一段话：

考平仲与同时刘安世、苏轼，南宋林栗、唐仲友，立身皆不愧君子。徒以平仲、安世与轼不协于程子，栗与仲友不协于朱子，讲学家遂皆以寇仇视之。夫人心不同，有如其面。虽均一贤者，意见不必相符，论者但当据所争之一事，断其是非，不可因一事之争，遂断其终身之贤否。韩琦、富弼不相能，不能谓二人之中有一小人也。因其一事之忤程、朱，遂并其学问、文章、德行、政事，一概斥之不道，是何异佛氏之法，不问其人之善恶，但皈五戒者有福，谤三宝者有罪乎？安世与轼，炳然与日月争光，讲学家百计诋排，终不能灭其著述。平仲则惟存本集、《谈苑》及此书。栗惟存《周易经传集解》一书，仲友惟存《帝王经世图谱》一书，援寡势微，铄于众口，遂俱在若存若亡间。实抑于门户之私，非至公之论。

　　虽然有四库馆臣的支持，但唐仲友的学问还是湮没无闻了。早在1937年，邓广铭先生写过一篇《朱唐交讦中的陈同甫》，该文称："朱熹之纠弹唐氏，态度至为峻激忿厉，而其弹章中所列举的罪状却只是反覆于狎昵官妓严蕊等人，以及所谓促限催税、蓄养亡命等事，甚至以官钱刊行荀、扬诸子之书也被列为罪状之一，则可见其有意周纳，盖是先已决意要加之以罪而临时掇摭数事以为辞者。藉此可以断言，朱氏之所以出此，必系对唐另有私憾，而此私憾之生又必有人居间拨弄而成者。"邓广铭说朱熹六次弹劾唐仲友，用词十分严厉，然而具体的弹劾罪状却并不严重，故他猜测，朱熹可能此前跟唐仲友有什么过节，再加上有人从中挑拨，就发生了弹劾之事。那么挑拨之人是谁呢？邓广铭认为不可能是陈亮。

　　张继定、毛策在《唐仲友之悲剧及其成因略考》一文中感叹说："这桩公案涉及当时的丞相、唐仲友的姻亲王淮。朝臣郑丙'迎合宰相意'，攻击朱熹'欺世盗名，不宜信用'。新被王淮提拔为监察御史的陈贾也跟着上奏：'道学之徒，假名以济其为，乞摈斥勿用。'这一反道学思潮，发展到后来，成了韩侂胄执政时的'庆元学案'，朱熹学派被斥为'伪学'，受到严重打击。而后，南宋政权出于政治需要，将朱学推上正宗儒学的圣殿，确立了朱学的道统地位。而唐仲友却因与朱熹有过一场惊动学林的纠纷而濒于湮没，《宋史》不为列传。宋代以降，唐仲友一直不被人重视，理学家对他的曲解盘踞在后人的头脑中，在某些人的心目中唐仲友甚至成了寻花问柳、假公济私的污吏赃官，实在令人慨叹。"经过这样的弹劾，其结果则为："从上述的唐仲友生平经历及朱唐交奏之后数百年的有关文献记载来看，唐氏身后学术影响之湮没无闻，主要还是由于朱熹理学及其追随者凭借其在后期封建社会意识形态上的统治地位，排除异己，坚持其狭隘的学术门派之见所致。"

当时朱熹弹劾唐仲友，还涉及了一件具体的事，就是唐仲友用公款刻书来卖钱。第三状中写道：

仲友自到任以来，关集刊字工匠，在小厅侧雕小字赋集，每集二千道。刊板既成，搬运归本家书坊货卖。其第一次所刊赋板印卖将漫，今又关集工匠，又刊一番。凡材料、口食、纸墨之类，并是支破官钱。又乘势雕造花板，印染斑缬之属，凡数十片，发归本家彩帛铺，充染帛用。

在第四状中，朱熹又提到相关问题，"奏为续根究知台州唐仲友不法事件及藏匿伪造官会人蒋辉实迹，乞付外照勘，伏候圣旨。仲友所印《四子》，曾送一本与臣，臣不合收受，已行估计价值，还纳本州军资库讫。但其所印几是一千来本，不知将作何用。伏乞圣察"。朱熹弹劾文的第六状中，则谈到了唐仲友所刻之书的一些细节。

唐仲友开雕《荀》《扬》《韩》《王》四子印板，共印见成装了六百六部，节次径纳书院，每部一十五册。除数内二百五部，自今年二月以后节次送与见任寄居官员，及七部见在书院，三部安顿书表司房，并一十三部系本州史教授、范知录、石司户、朱司法，经州纳纸，兑换去外，其余三百七十五部，内三十部系□表印，及三百四十五部系黄坛纸印到。唐仲友逐旋尽行发归婺州住宅。内一百部，于二月十三日令学院子董显等，与印匠陈先等，打角用箬笼作七担盛贮，差军员任俊等管押归宅。及于六月初九日，令表背匠余绥打角一百部，亦作七担，用箬笼盛贮，差承局阮崇押归本宅。及一百七十五部，于七月十四日又令印匠陈先等打角，同别项书籍亦用箬笼盛贮，共作二十担，担夯系差兵级余彦等管押归宅分明。

这些都是十分重要的出版史料，而唐仲友所刻之书也成为后世颇为看重的宋代公使库刻本。

对于公使库刻本的性质，李景文在《宋代公使库及其刻书》一文中首先称："公使库是宋代地方官府中一个并不重要的机构，其设置主要是为了给来往官吏之差旅住行提供出差补助，其职能类似于今天地方政府及各部门办的招待所。"文章引用了王明清《挥麈后录》中的记载："太祖即废藩镇，命士人典州，天下忻便，于是置公使库，使遇过客，必馆置供馈，欲使人无旅遇之叹，此盖古人传食诸侯之义。"对于这段话，李景文解释道："这里所说的'供馈'，指供给和馈送两部分。供给是公使库给予的钱物，属于官员的合理收入；馈送一般指例册规定以外的礼金和礼物，属于非法收入。宋初，太祖为减轻百姓的负担，从而笼络各级官吏，特地下令在各路、州、府增设公使库，由国家专门拨给一定的公款，称为'公使钱'，让其负责款待过往官员、犒劳军校及本地官员聚宴等。"

李景文又简述了公使钱的来源，一为中央拨付，二为州郡自筹。对于自筹的这一部分，由于朝廷给予了地方政府优惠政策，于是各级政府公使库便各显神通，公开经营、生息、配卖官物、酿造公使酒等，以增加公使库的收入。对于唐仲友在任时公使钱的来由，李景文称："唐仲友知台州时，台州公使库'每日货买生酒至一百八十余贯，煮酒亦及此数，一日且以三百贯为率，一月凡九千贯，一年凡收十余万贯'。甚至'违法收私盐税钱，岁计一二万缗，入公使库，以资妄用'。公使库事实上已成为各级政府名正言顺的小金库。"

如此说来，公使钱乃是地方官员自行经营所得资金，并不是违法所得，而以公使钱来印书之事，李景文在文中简述："在地方政府为自筹公使钱而所从事的多种经营活动中，刊印图书成为一项广开财源的重要途径，各州府公使库往往设有'雕造所'来负责这一经营活动。各地方政府刻印书籍，从中牟利，往往以公使库的名义印行。如南宋绍兴七年福建路转运司刻印《太平惠济方100卷》，书末就有'于本司公使库印行'字样；台州知州唐仲友以政府名义刻印的《荀子》《扬子》《韩非子》，即被称为'宋台州公使库本'。有文献可考，宋代公使库刻印的图书很多，保存下来的也有相当数量。如此不仅保存了大量史籍，加速了文化的传播，也积累了大量资金，反过来又促进了公使库刻书事业的繁荣和发展。"

关于唐仲友刻书的情况，2007年第3期的《中国典籍与文化》刊有王菡所撰《唐仲友刻书今存》一文，该文中写道："淳熙八年十二月，朱熹受命巡视台州时，连续上书弹劾太守唐仲友'违法扰民，贪污淫虐，蓄养亡命'，诸多罪名中即包括用公使库资财刊书事宜。宋代利用公帑刊书并不希见，至今，国家图书馆所藏宋版书中，至少有抚州、舒州、筠州、台州、两浙东路茶盐司五地公使库刊本，曹之先生综合《书林清话》《藏园群书经眼录》等文献记载及图书馆公藏目录记载，曾统计宋代公使库刊书有二十余种。公使库刊书，因财力雄厚，且主持者通晓典籍，故一般聘请良工，刊刻精整，纸墨俱佳，多为宋板书之典范。唐仲友在雕刊《荀子》后序中明确指出‘假守余隙，乃以公帑锓木’，他是否曾经以公帑谋私，难以确知。"

唐仲友所刻之书虽然被称为公使库本，但他是否用这些公使库本来谋私，并没有确证，王菡在文中说了这样几句客观的话："'庆元党禁'之后，朱熹声名日隆，大有'顺我者昌，逆我者亡'之势，而唐仲友台州任职种种，由于朱熹连奏六章，流传甚广，遂成一面之词。然元末明初宋濂曾为《唐仲友补传》，是书不传，不过明代朱右有'题唐仲友补传'之文，其中曰：'语曰不逆诈，不亿不信。予读《唐仲友补传》而窃有感焉。初，仲友以乾道七年守台（案：当为淳熙七年），时朱子提举浙东常平，仲友发粟赈饥，抑奸扶弱，创中津浮梁，以济艰涉，民至今赖之。'可见唐仲友台州期间，颇有善政。"

关于唐仲友的学问以及他的为人，王菡在文中引用了周必大为唐仲友《帝王经世图谱》所作的序言，周在序言中竭力夸赞唐仲友其人，而后王菡的结论是："周必大向来对朱熹道学持保留态度，故而在'庆元党禁'之际支持出版《帝王经世图谱》，郡守赵善鐻予以资助，有其历史背景。是书刊于唐仲友辞世之后，而唐仲友经世思想正当有所发扬，故附说于此。"

補宋潛溪唐仲友補傳 仿國史館集句體重鐫

邑後學張作楠集

宋潛溪作唐仲友補傳以宋史不立傳也宋史不立以仲友嘗得罪朱子也云元修宋史謂仲友為朱子所斥乃作楫按朱右白雲稿題唐仲友補傳不載之簡冊是或非朱子意歟然終以朱子之故學者羞稱今傳本久絕矣濂作楫按明史藝文志宋夫史家義例據唐仲友補傳一卷今史臣宋濂為補此傳有旨哉事直書善惡自見無庸諱亦斷不能諱托克托等能諱之于宋史不能禁潛溪使不補傳也講學家能廢潛溪之書亦不能盡燔滅各家之紀載也吳正傳不載悅齋于敬鄉錄且云錄所不及不無微意是欲以一指障天下之目古

補宋潛溪唐仲友補傳 一

图九 张作楠辑《补宋潜溪唐仲友补传》卷首，清道光十一年翠薇山房木活字本

胡正言

十竹诸笺集大成

中国古书中专有一类书籍以图取胜，这类书主要风行于明末时期，其盛行与市场需求有很大的关系。那个时段社会风气较为开放，很多文人雅士追求各种玩好，给友人写信都会用上仿唐宋形制的信笺，还喜欢在信笺纸上加一些图案。为了方便购买者选取不同的笺纸图案，制笺者会将印有各种图案的笺纸汇订为一册，让购买的人从中挑选，这种图案册被时人称为"笺谱"。而明代笺谱中最具名气的，是胡曰从的《十竹斋笺谱》和吴发祥的《萝轩变古笺谱》。

笺谱的争奇斗胜促进了相关印刷技术的发展，明代笺谱最有名的工艺被称为饾版与拱花。关于这种印刷技术的操作方式以及具体的发明人，张秉伦、胡化凯在其合著的《徽州科技》一书中明确地称："'饾版'印刷是胡正言创立的一种套色印刷新技术。"而后讲到了这种技艺的独特性：
"所谓'饾版'，是胡正言为解决中国画特别是写意画的复制而创立的一
种雕版彩色印刷新工艺。它以生纸印刷、湿纸印刷、一版多色、色彩仿
真为新内容，一改以前套色印刷色彩浓艳、装饰味过重、无浓淡变化的
弱点。利用自己独创的工艺，淋漓酣畅地表现出中国书画作品墨分五色、
浓淡相间的艺术特点。它是现在'木版水印'的鼻祖，也是迄今为止中

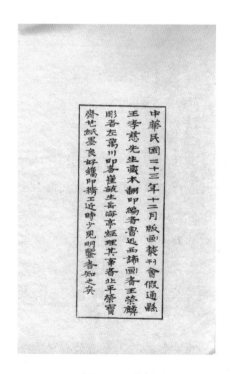

图一　胡正言刻《十竹斋笺谱》牌记，
1953 年北京荣宝斋饾版拱花彩印本

图二　胡正言刻《十竹斋笺谱》内文，
1953 年北京荣宝斋饾版拱花彩印本

国画复制的最佳方法。"

一种新技艺的产生，首先需要思路上的顶端设计，《徽州科技》一文讲述了这种构思的形成原因："饾版印刷的设计思想是，使用与原作相同的纸张、水墨与颜料，依照原作的笔墨顺序分版设色，依次印刷，从而仿制出酷似原作的中国画印刷品。"而后该书详细列出了饾版印刷工艺流程的 16 个步骤，将饾版印刷的核心技术总结为四项发明，其第一项是"生纸印刷"。关于生纸印刷的独特性，本文写道："这是饾版印刷术的核心技术之一，也是中国印刷史上印刷载体的一次大变革。由于生纸具有很强的吸水性与润墨性，直接印刷，效果不佳，所以自印刷术发明以来普通书籍极少用生纸印刷。胡正言之所以大胆采用生纸，是因为只有用与原作相同的纸张——生纸（生宣），才能得到笔墨淋漓酣畅、墨色浓淡相间、层次清晰丰富、颇具中国书画作品特有韵味的印刷品。"

四项发明中的第二项是"湿纸印刷"，这项技术的应用跟第一条有直接的关系。"由于生纸（生宣）具有较强的吸水率与极好的润墨性，虽然在用笔作画时，纸面会随作者运笔的轻重徐疾、水墨的含量变化出现不同的艺术效果。但若将生纸（生宣）直接用于印刷，则因木版的吸水率远低于毛笔，如果仍采用湿版干纸的印刷方法，其结果只能使纸面上着色不匀，点点斑斑，不仅达不到与真迹不相上下的水平，而且印刷效果极为不佳。为此，胡正言一改以前的干纸印刷为湿纸印刷，将纸张提前用适量的水浸润后再行印刷。这样不仅解决了版材含水不足的问题，而且使印出的作品能更好地表达原作品的风格韵味。该项技术为生纸进入印刷打开了通道，也为利用饾版印刷技术复制中国书画作品奠定了基础。"

本书谈到的另外两项核心技术，则是"一版多色"和"色彩仿真"。

关于拱花，方晓阳、樊嘉禄所撰《拱花发明人考辨》一文给出的定义是："'拱花'印刷，穷巧极工，凹凸雅致，清新淡泊。一笺之中，虫鱼花鸟，翎羽筋脉参差；商彝周鼎，纹饰雕镂毕现。祥云袅袅于山林丘壑，水波潺潺于河溪山涧。名曰'无华'，实为浮雕，辟无色有声于新径，诚凹凸印刷之先驱。"

拱花又分彩色拱花与无色拱花，这两种拱花方式只有敷色与不敷色的区别，在制作工艺上属于同一种手法。其实，拱花就是使纸上二维的平面图案变成三维的立体图案。如何在平面的纸张上制作出立体效果，相关记载有不同的说法，安海峰在《〈十竹斋笺谱〉无色拱花技术考》一文中认为："把纸张放在刻好的图案上，纸的上面需要垫上像毛毡一样的软垫子，最后用力把纸打压到图案的凹槽里，在力的作用下，纸上出现了凸起的图案，形成一种立体的视觉效果，与今天个人证件上的钢印有些类似。"

对于拱花的发明人，张秀民在《中国印刷史》中将这种技艺发明的时代追溯到了梁代。"梁代用石头把纸砑光，称砑光纸。五代姚颛子侄，善造五色笺，号砑光小本，用刻着很细致的山水、花鸟、虫鱼、八仙的沉香木当砑纸板，用这种砑纸板砑过的纸，疑与明末压印的'拱花'相类似。"

方晓阳等所撰《考辨》一文认为，"砑花"和"拱花"属于两种不同的工艺，该文认为张秀民所引文献应当是本自宋陶谷《清异录》："姚颛子侄善造五色笺，光紧华。砑纸板乃沉香，刻山水林木、折枝花果、狮凤虫鱼、寿星八仙、钟鼎文，幅幅不同，文缕奇细，号'砑光小本'。"

对于这种说法，《考辨》一文认为："在此首先对'砑光小本'进行分析。'砑'是指在纸或布匹等物体经过碾磨使坚实发亮光紧平滑。如《玉篇》言：'今之布匹及纸用石碾砑者，俗名砑光布、砑光纸。'所谓石碾，是由形如银元宝的大型石碾与半圆形的碾石组成。碾砑时将纸或布匹置于形如银元宝的大型石碾下，技工两脚踩在半圆形的碾石两端，两手扶在木架上，踩动碾石，使之前后滚动，纸或棉布则从碾石下经过。由此而使碾砑过的纸或布表面光紧平滑，既然光紧平滑，又哪来的凸出纸面的浮雕状拱花呢。"

而后《考辨》又从其他几个角度分别说明了砑花与拱花的区别，"砑花是在一块阳刻的砑花板上放上一张准备砑印的纸，然后在纸张背面洒上少许的蜡，其作用是为了防止碾砑时纸背磨擦阻力太大而将纸砑破，然后再用一块表面光滑的碾石（通常是一块表面光滑的鹅卵石）在纸张背面用力碾砑，使纸张与砑花板花纹的接触部分变薄变紧，这样就能产生一种迎光或折光可见的'隐起花木鳞介，千状万态'。而拱花则是使用一块有阴刻花纹的凹版，在版上铺放准备拱花的纸张，在纸上铺放一层羊毛毡，然后用拱花捶用力在羊毛毡上拱压，通过羊毛毡的作用将与拱花版的凹陷部分接触的纸张压入到凹槽中，以形成凸出于纸面的、形似浮雕的拱花"。而后此文给出的结论是："由此可见拱花与砑花不仅成品外观形式不同，而且从印版的制作到印刷工艺都不相同，因此砑花与拱花不是同一种印刷工艺，也不存在技术传承与演化的关系。"

如此说来，拱花的发明只是明末的事情。李克恭在《十竹斋笺谱》序中说道："夫绘之与诗，相为表里，昔人论诗，有初终盛晚，而笺绘亦犹之。昭代自嘉、隆以前，笺制朴拙，至万历中年，稍尚鲜华，然未盛也，至中晚而称盛矣，历天、崇而愈盛矣。"

李克恭把诗学理论与明代笺纸做比较，同时简明概括了明代笺纸的发展历程，认为嘉靖、隆庆之前的笺纸制作工艺简朴，图案也无出彩处，到万历中期，笺纸渐渐漂亮了起来，至天启、崇祯年间，精美的笺纸已风行世面。

如前所言，明末的笺谱以《萝轩变古笺谱》和《十竹斋笺谱》最具名气，故拱花技术的发明权则主要集中在这两部著名笺谱的制作者——吴发祥和胡正言两人间。

钱存训认为，这项技术的发明人应当是吴发祥，因为《萝轩变古笺谱》序言的落款是"天启丙寅嘉平月霞友弟颜继祖撰并书"，天启丙寅为天启六年（1626），这个落款时间要早于《十竹斋笺谱》。李约瑟在《中国科学技术史》第五卷《化学及相关技术 第一分册 纸和印刷》中则称："这种技艺不是胡正言发明的，他的笺谱也不是第一种。至少有两种笺谱出版得还早或与它同时，一种是1626年在南京由吴发祥编印的《萝轩变古笺谱》，这比《十竹斋笺谱》要早18年，另一种是约与《十竹斋笺谱》同时问世的《殷氏笺谱》，其中也有拱花图案。"

然而方晓阳、樊嘉禄在其所作《考辨》中一文不认可这种说法，他们举出来四点反驳的理由，第一点是胡正言的《十竹斋笺谱》中首先使用了"拱花"一词。当然，也有人认为有可能是吴发祥首先发明了这种技艺，但他并没将此写在序中。《考辨》一文认为吴发祥与胡正言都生活在金陵，他们有不少的共同朋友，既然李克恭在给《十竹斋笺谱》所写序言中首先使用了"拱花"一词，那"想必对谁是'拱花'发明人是胸中有数的"。

另外，李克恭在序言中首先说了这样一段话：

粤稽竹素寖兴，久当致饰，菁华既溢，盛则必传。自十竹斋之笺，后先叠出，四方赏鉴，轻舟重马，笥运邮传，不独江南纸贵而已。所以然者，非第重笺，因人以及笺也。人何人斯，斋内主人曰从氏，胡次公也。次公家著清风，门无俗履，出尘标格，雅与竹宜。尝种翠筠十余竿于楯间，昕夕博古，对此自娱，因以"十竹"名斋。斋中所藏奇书错玩，种类非一。尝与先祖如真翁商六书之学，摩躏钟鼎石鼓，旁及诸家。于是篆隶真行，一时独步。而兼好绘事，遇有佳者，即镂诸板，公诸同好。笺之流布，久且多矣，然未作谱也。间作小谱数册，花鸟竹石，各以类分，靡非佳胜，然未有全谱也。近始作全谱，谱成，而问叙于予曰："题词不喜泛泛，惟好之深者，始有情至之词。君雅好此，而不一抒写其所欲言，能恝然乎？"予乃许诺，爰纵笔而臆言之。

序中的"曰从"是胡正言的字。由此序可知，胡正言十竹斋所制之笺在社会上十分畅销，当地人争相购买。李克恭认为《十竹斋笺谱》畅销的原因不只是工艺高超，更缘于十竹斋主人胡曰从为人高雅，很多人都愿意与他交往。同时，序中也谈到了"十竹斋"一名的来由，胡曰从在院中种了十几竿竹子，于是就以此来名斋。

最重要的是，李克恭在序中说，胡曰从在绘成《十竹斋笺谱》之前已经制作过一些笺谱。李克恭所写该序的落款为"崇祯甲申"，也就是崇祯十七年（1644），但通过序中的描述，可以知道早在这一年之前，胡曰从已经制作过其他的笺谱。只可惜李克恭没有记载下那些笺谱的制作时间。因此，以两篇序言的早晚来论拱花技术的发明权，显然不够谨严。

但是，如果说胡曰从发明了拱花技术，似乎也难以找到确实的证据，而方晓阳等在《考辨》中用了一种类比法："从拱花的技术渊源来看，笔者曾撰文专门讨论过拱花的技术渊源问题，认为拱花技术与墨模的制作技术一脉相承，而且拱花技术极可能来自于制墨时墨剂受到墨模挤压而表面出现浮雕状花纹的启示，从墨模直接演化而来。模似实验也证明墨模可以不作任何处理而直接拱印出与拱花版同样效果的拱花来。从技术发明的思路来看，一般来说只有既精于制墨又精通印刷的人才有可能发明拱花。"

这种间接证据可以王二德在《胡曰从书画谱引》中的所言为证："其天性颖异多巧思，所为事无不精绝，他人摹仿极力不能至。始为墨，继逃墨而为印、为笺、为绘。刻墨多双脊龙样，印得松雪子行遗法，笺如云蓝。"从这段话可以大致看到胡曰从的从业经历：他刚开始制墨，而后治印，再后来才制作笺谱。而从吴发祥的现存史料来看，他未曾有制墨经历，由此间接地说明了胡曰从更可能是拱花技艺的发明人。这正如李克恭在序中的所言："十竹诸笺，汇古今之名迹，集艺苑之大成，化旧翻新，穷工极变，毋乃太盛乎？而犹有说也。盖拱花、饾板之兴，五色缤纷，非不烂然夺目，然一味浓装，求其为浓中之淡，淡中之浓，绝不可得，何也？"这就是饾版、拱花两个词的最早出处，虽然李克恭没有说谁有发明权，但他却讲到了这种印刷技艺所表现出的美感。而后李克恭在序中谈到了这种技法操作之难。

饾板有三难，画须大雅，又入时眸，为此中第一义；其次则镌忌剿轻，尤嫌痴钝，易失本稿之神；又次则印拘成法，不悟心裁，恐损天然之韵。去其三疵，备乎众美，而后大巧出焉。然虚衷静气，轻财任能，主人之精神，独有笼罩于三者之上而弥漫其间者。是谱也，创稿必追踪虎头、龙暝，与夫仿佛松雪、云林之支节者，而始情从事。至于镌手亦必刀头具眼，指节通灵，一丝半发，全依削镂之神，得手应心，曲尽斫轮之妙，乃俾从事。至于印手，更有难言，夫杉杙棕肤，考工之所不载，胶清彩液，巧绘之所难施。而若工也，乃能重轻匠意，开生面于涛笺，变化疑神，夺仙标于宰笔。玩兹幻相，允足乱真，并前二美，合成三绝。

可见想要做好饾版有三个难点，一则需要选择合适的图案，二则需要在刊刻上极其细腻，三则需要在印刷时有娴熟的技巧。只有这三者的完美结合，才能制作出完美的饾版笺纸。

为了能够制作出精美的笺谱，胡曰从亲自上阵，跟一些刻工和印工共同操作。清程家珏在《门外偶录》中写道十竹斋经常雇有十几名刻工，胡正言与他们朝夕研讨，十几年下来"诸良工技艺，亦日益加精"，而这些刻工们"十指皆工具也，指肉捺有别于指尖，指尖有别于拇指也，初版尤可见曰从指纹，岂不妙哉"。看来，制作笺谱时，操作者的手指也成为工具之一，据说早期印制的笺谱中有时还能看到胡曰从的指纹。

对于饾版、拱花技艺来说，刻版的准确固然重要，但如要使得图案中的渐变色过渡自然，这就需要印工有着高超的技艺。王伯敏在《胡正言及其十竹斋的水印木刻》一文中说："如所刻印的'石谱'，在其饾板上，便留有木质纤维的纹路，这不是刻工的粗糙，更不是印工的马虎，留着木板纤维的纹路，正是十竹斋的版画家们懂得了，这样既可以表现石质的粗硬，也发挥了版画这一艺术的特点；又如所刻印的花鸟，在'翎毛谱'中，白头翁、绶带鸟、水鸟、斗雀等羽毛上，都留有毛茸茸的刀痕，这正表现了鸟雀羽毛的感觉；对有些花与叶子的处理，在刷印时，更充分地利用了彩晕墨化的特性，使它表现出花的肥嫩和叶的秀润，等等，这就是在刻印两方面，不是单纯地、机械地按照原图来镌刻刷印。"

除了笺谱之外，胡正言还出版过一部《十竹斋书画谱》。明天启七年（1627），杨文骢在为《十竹斋书画谱》中的《翎毛谱》所写小序中称："不意寥寥千古，有胡曰从氏，巧心妙手，超越前代，以铁笔作颖生，以梨枣代绢素。而其中皴染之法，及着色之轻重、浅深、远近、离合，无不呈妍曲致，穷巧极工，即当行作手视之，定以为写生妙品，不敢作刻画观。……颊上三毛，睛中一点，自曰从视之，皆剩技耳。曰从真千古一人哉！黄筌诸君，恐未敢与之分庭抗礼。天启丁卯立秋日，友弟杨文骢拜题。"

从这段话中亦可看出，胡正言在笺谱制作方面"穷巧极工"，其制作出的画谱几乎难以区别出是原作还是印刷品。胡在《十竹斋书画谱》中已经使用了饾版技术，但是这种技术是否为他所发明，却一直有着不同的说法。

冯鹏生在《中国木版水印概说》中称："在胡氏印制《画谱》之前，已有套印本出现，万历二十三年程君房刻印的《程氏墨苑》以及大抵出于同期的《花史》……均以'饾版'刷印而成……"然而宋文文认为这种说法有误，其在《胡正言与李渔关系考》一文中明确地称："这种说法有误，《程氏墨苑》中版画技艺不是'饾版'，它只是分色刷印。"

郑振铎曾在《劫中得书记》中指出过《程氏墨苑》中的彩色版画是同版分色，"此书各彩图，皆以颜色涂渍于刻版上，然后印出；虽一版而

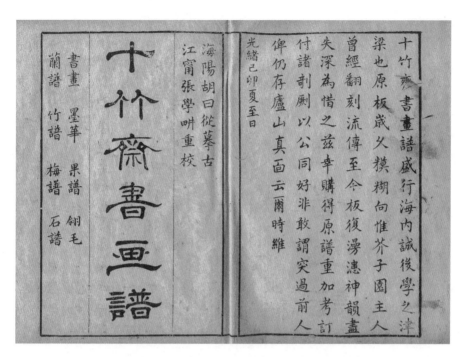

書畫　　墨華　果譜　翎毛
蘭譜　竹譜　梅譜　石譜

十竹齋書畫譜

海陽胡曰從蓦古
江甯張學畎重校

十竹齋書畫譜盛行海內誠後學之津
梁也原板歲久糢糊向惟芥子園主人
曾經翻刻流傳至今板復漫漶神韻盡
失深為惜之茲幸購得原譜重加考訂
付諸剞劂以公同好非敢謂突過前人
俾仍存廬山真面云爾時維
光緒己卯夏至日

图三　胡正言刻《十竹斋书画谱》牌记，清光绪五年（1879）套印本

图四　胡正言刻《十竹斋书画谱》内文，清光绪五年套印本

具数色。后来诸彩色套印本，盖即从此变化而出"。但是王重民在《套版印刷起源于徽州说》中认为该书有一部分是异版，"《墨苑》的四色、五色图不一定使用了四版或五版，但有些地方，显然使用了两版的，这正反映了起源时候的质朴情况"。然就目前留存的《程氏墨苑》彩色部分来看，大多数学者认为是同版套印而非异版。

何为真正的饾版以及饾版的发明人，宋文文在文中写道："'饾版'发明前的分色刷印术是指线版印刷、手工填色，一般一色以及套版色块印刷。而《花史》中使用的是套版线条印刷的技艺，较之真正的'饾版'技艺，则是一种新兴的雕版彩色印刷工艺。而且文献中'饾版'一词仅出现在胡正言的《十竹斋书画谱》中，也没有发现比其更早的饾版印刷品，因此断定'饾版'的发明人就是胡正言。"

《十竹斋书画谱》风行天下，甚至出现了大量的翻刻之本，而胡正言对这种情况也很了解，所以他在康熙年间再版时写道："是传名人翰墨，图绘陆离。画中有诗，诗中有画。临摹精妙，浓淡传奇。费本糜工，镌成大观。原版珍藏，素遻真赏。近有效颦，恐混鱼目。善价沽者，毋虚藻鉴。海阳胡正言曰从氏识于十竹斋。"

胡正言虽然是位名副其实的商人，却有着文人的清高，不愿与世俗之人交往，经常整天躲在楼上读书，这种性格的形成应当跟他的人生经历有一定关系。明朝灭亡时，福王朱由崧被立为弘光帝。因为大明国玺找不到了，故胡正言重新刻治了一方龙文螭钮国玺，同时写了篇《大宝箴》一起献给福王。然而福王对此兴趣不大，仅赐给胡曰从武英殿中书舍人的职位，胡氏感觉到自己无法在朝廷中受到重用，于是辞职而返。清吴翌凤所编《清朝文征》中有《胡曰从中翰九十序》，该序中有如下一段话：

　　既得上谕，所司收新宝，而官本生中书舍人以示恩奖，然意在宝不在箴矣，改弦易辙无闻也。翁语所亲曰："昔南宋陈亮上书言天下大计，朝廷不能用，议量予一官，亮不受曰：'吾欲为国家开数百年之基，岂用以博一官乎？'即日渡江东归。吾虽才不逮亮，而所遭适类是。天下事真不可为矣。"

　　而后胡正言隐居南京，以出版为生，南明失去了一位忠臣，天下却多了一位伟大的出版家。他选择在南京定居有着多方面原因，其中最重要的一个原因就是南京是当时的著名刻书中心。明胡应麟在《少室山房笔丛》载："凡刻之地有三：吴也，越也，闽也。蜀本宋最称善，近世甚希。燕、粤、秦、楚，今皆有刻，类自可观，而不若三方之盛。其精，吴为最；其多，闽为最；越皆次之。其直重，吴为最；其直轻，闽为最；越皆次之。"

　　这里所说的"吴"为江苏，"越"为浙江，"闽"为福建。江苏是当时全国的三大刻书中心之一。在胡应麟看来，这三大刻书中心论质量以江苏为第一。那时的江苏地区包括徽州，徽商以南京为贸易出口，形成贸易聚集地，为此，很多徽州刻工受聘于南京，使这里的刻书质量名扬天下。金陵一地的版画风格原本较为粗放，徽州刻工的到来，使得当地的版画风格变得婉丽清秀，金陵刻本随之而风行天下。

　　关于胡正言所创十竹斋存续的时间，潘天祯先生在《胡正言生卒、定居及启用十竹斋名的时间考察》中经过详细考证，推论出胡正言在南

图五　胡正言刻《十竹斋书画谱》内文，清光绪五年套印本

京居住的时间："在没有查到更具体可靠的文献之前，将正言到南京的时间定在万历三十一年（1603）左右，即正言二十岁左右，比三十岁以后的说法有根据得多。如果从万历三十一年（1603）起算到康熙十三年（1674）卒，正言一直居住在南京长达七十二年之久。"潘先生还考证了十竹斋的存世年头："上文考察如无大误，则十竹斋的历史，当始于天启初年（元年为1621），迄于康熙中期（三十年为1691），前后约七十年。"

胡正言的《十竹斋笺谱》受到了人们喜爱，直到20世纪30年代，鲁迅先生仍然看重此谱的价值。1934年8月，鲁迅在给郑振铎的信中说道：《十竹斋》笺样花卉是最精绝的，这种艺术手法超过了现代的很多名家，里面的山水刻得也很好。而转年4月，鲁迅又跟郑振铎说：这种套版佳书在清朝已经很少有，就算是将来怕也未必有这等刻工和印手，在你以后的三百年间，也没有在其上的了。

在郑振铎的努力下，《十竹斋笺谱》得以重新刻制，遗憾的是鲁迅只看到翻刻的《十竹斋笺谱》第一册就去世了。重新翻刻的《十竹斋笺谱》同样受到人们的喜爱，不足百年时间，这部翻刻的笺谱如今已经成为古籍拍卖会上的抢手货。

到如今，十竹斋依然是著名的品牌。2012年4月29日星期日，我在南京寻访时特意去探访了十竹斋，其地点位于南京市太平南路72号。眼前已经完全改成了一片宿舍楼，而十竹斋只是临街的门脸房。这种物不是人亦非的结果，多多少少还是让自己的怀旧心有了一丝惆怅。

关于胡正言的家乡，潘天祯在《胡正言家世考》一文中予以了详细的梳理。南京刑部湖广清吏司郎中张兆曾《格言类编序》中说："曰从名正言，胡安定裔，十竹斋主人。"原来胡正言还是北宋大儒胡瑗的后人。

图六　南京十竹斋

胡瑗是江苏如皋人，但胡正言却居住在安徽休宁，其家族何时由如皋迁往休宁，未见资料记载。而如今的休宁仍然留存有胡正言故居，其具体地点在安徽省休宁县海阳镇文昌巷。

2013 年 9 月 30 日，我从黄山市乘大巴来到休宁，而后打车前往文昌巷，来到门前看到的却是大门上着锁的景象，无奈只能围着这处旧居四处探看。胡正言故居紧挨着休宁县妇幼保健院的高楼，高楼漆成粉红色，两处紧挨在一起，形成了视觉上的错乱感。按照我国文物保护法的规定，文保单位都要列明保护点四围的距离，而这座楼紧贴旧居而盖，显然不是合规的做法。但从好处想，这处旧居已经立上了文保牌，毕竟有遗迹可探寻。

图七 胡正言故居

图八 胡正言故居

　　虽然过其门而不能入，但站在这里看着眼前的一切，还是有欣慰感。以我的感觉，眼前的这座建筑有可能是民国年间重新翻盖的，故居的马路对面有龙池阁小巷，那里的老建筑似乎较胡正言故居更加古老，遗憾的是那些老建筑与这位著名的出版家搭不上什么关系。

翟云升

专研字学，隶法最优

翟云升是清代中晚期著名的书法家，凡是论及他书法成就的文章，大多会引用两段评语，一是当时的金石家江凤彝的所言："大江南北评八分者，数未谷、小松、金匮钱梅溪、仁和杨湘如、汀州伊墨卿。比部诸公其中，肥瘦敧正各有专家，不可一致，皆心仪手追遗神取貌迄无一是。屡见先生翰墨于当道或友朋之坐，叹为雄浑瘦硬兼而有之，既淹有诸家之长，又能独开生面……"这段评语历数了那个时代著名的隶书大家，包括桂馥、黄易、钱泳、伊秉绶等，翟云升能与这些大家相并提，难怪江凤彝认为他的书风既能兼数家之长，又能独开生面。

另一段常被引用的评语则是叶名沣给翟云升所写信中的一段话："自我朝桂未谷先生萃汉之华，专心复古，可称绝学，先生实得其传。桂君而后，当推先生为第一人。海内共称，良非溢美。"这段评语把翟云升与桂馥相并提，且认为翟云升是桂馥之后隶书第一人。这些评语说明了翟云升在隶书方面的确受到时人的首肯。而翟云升本人在自撰墓志铭时，也是把桂馥视为自己效仿的目标，谦称："又善隶书，时比之桂未谷，然自以为弗如也。"

翟云升是今山东莱州市莱州镇人，出生于乾隆四十一年（1776），从小就聪明过人。光绪版《三续掖县志·艺文》中载有尹琳基《翟文泉先生传》，文泉乃翟云升之号，此传中说他"弱冠属文，抉关雏之奥，塾师避席"。赖文思在《清代著名书法家翟云升》一文中称，翟云升年幼时所写文章每每传为范文，"应童子试，督学阮文达得其卷大惊，拔为冠军"。能够受到阮元的欣赏，可见其的确很有才气。

关于翟云升的功名，尹琳基在传中写道："嘉庆五年（1800）以第五人举于乡，选黄县教谕，旋告归。道光改元，举孝廉方正，力却之。壬午成进士，授粤西知县，以母病老不仕。"翟云升曾以第五名的好成绩中举，而后被任命为黄县教谕，他在此任上干了很短的时间就辞职返乡。道光元年（1821），当地推举他为孝廉方正，翟云升坚决推辞，次年考中进士，而后被任命为粤西知县，但他以母亲年老有病，再次坚决推辞。

取得了功名，却又不愿意出仕，可见翟云升性格之独特。尹琳基在传中称翟云升"视世之荣悴，若于己无与者，而惟键户修业终其身，穷困老死而不悔"，看来他只喜欢做学问。但在任何时代，一门心思做学问者，如果不是出自富贵之门，其生活定然穷困潦倒，而翟云升却甘于穷困，还专门写了首《避世》诗：

名利何为者，林泉且自归。

由来财力绌，况乃性情违。

鸠鸟安空谷，萤光怯晓晖。

天真容可秘，不爱北山薇。

从诗题即可看出翟云升有着陶渊明的情操，他也明说生活中常常缺钱，但即使如此，他仍然对功名利禄没有丝毫兴趣。看来考取功名，可能只是他想证明自己的能力，并不是想由此获取荣华富贵。这样一直到了咸丰八年（1858），翟云升去世，时年83岁。

翟云升的治学方向主要是小学，他在中举之后就专心研究文字应用学，并且终生未改初衷。正是因为他有文字学的功底，其书法才会有那么高的成就，以至于很多名家之后都请他来写碑文和墓志铭。尹琳基为其所作传中亦称："公精隶法，一时丰碑墓碣多出公手，丐书者踵其门，而终无率尔之习。"

其实，翟云升也并不像他诗中所说的那么穷困，只是作诗时多喜夸张而已。古人求一篇墓志或者碑文，通常会付以丰厚的报酬，因此他得以在莱州府城买数亩地建起庭院，还在里面盖起了一座书楼。后来他得到了晋秘书徐广的一枚铜章，据说徐广每年都要把五经读上一遍，翟云升喜欢徐广的这种刻苦，于是给自己的书楼起名为"五经岁遍斋"。

嘉道时期，经学大兴，翟云升也受到了时风的影响，深研经学著作。那个时代汉学一统天下，翟云升也以汉儒为宗，然而他在《有感》诗中却说：

鄙博微名慰老亲，征衣屡染帝京尘。

惕心风木终含痛，经眼诗书未去身。

无汉宋儒门户见，为唐虞世草茅臣。

于今倍厌烦嚣苦，种竹栽花过一春。

在当时，学术界有古文经学、今文经学之争，同时也有汉儒、宋儒之争，翟云升希望梳理历史典籍后，能调和汉、宋，这也是他的治学态度。然而从其个人著述来看，他主要还是在经学、小学方面所下气力最大，而这正是汉学家主要的用力方向。从这个角度来说，翟云升依然是汉学中的古文经学派。

肖亚琳在《翟云升著述考》中对翟云升一生的著述做了系统梳理，其中排在最前面的就是翟云升的代表作《隶篇》，另外还有《隶样》八卷、《隶样后编》不分卷、《说文形声后案》四卷等近二十种著述，可谓著作等身。

翟云升对于《隶篇》一书所下功夫最大。该书有正编十五卷、续编十五卷、再续十五卷，山东博物馆藏有该书不分卷的原稿，目前尚未知此稿的内容与刊本有何区别。该书在道光十七年（1837）和十八年（1838）间刊刻于翟云升的五经岁遍斋。关于此书的学术价值，陈官俊为本书所写序中夸赞说："善哉！此书之体例乎！以部领字，如枝附干，而笔迹各异者，易于对观也。以摹代临，如景随形，而楷式所存者，期于曲肖也。此为从前所未有，即为后来所不可无矣。"

陈官俊首先称《隶篇》一书的体例很好，因为其编排方式是以部首为序，而后列出相关的字，每个字都是自石碑或墨迹影摹而来，并且对

图一 《隶篇》内文，清道光十七至十八年东莱翟氏刻本

每个字都做了详细考证，"此书于诸字，悉为著明。或因委而溯源，或假
宾以定主。可以扶群经之绝学，祛字书之积习，破世俗之拘墟。偶有忽
遗，犹申绪论。非所笃信，时复阙疑。此虽袭前人之成迹，而详审奚翅
倍之。既无从指其疏，又安得目为滥耶？枕中之藏，不宜终秘。为付剞
劂，公诸同好可乎？"

山东藏书大家杨以增也曾为《隶篇》作序，他认为翟云升对许慎的
《说文解字》研究得最为深刻，同时尤其偏爱隶书，为了搜集相关的字样，

翟云升竟然下了四十多年的功夫。杨以增在序中举出几十个例子来说明此书之佳，而后总结说："凡与《类篇》依违离合，皆由精识，靡不适宜。编字体例辜较如是。是书无发凡，试以此代之，亦司马温公序《类篇》之意云尔。"

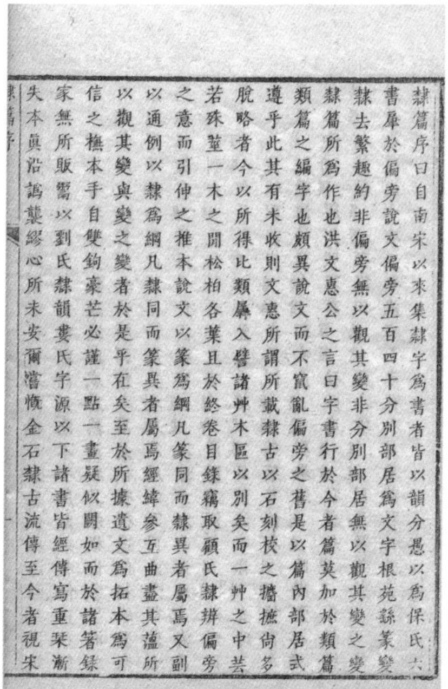

翟云升为《隶篇》写了篇自序，他说此书的构思乃是受到了顾蔼吉所撰《隶辨》的影响，之后又参考了《说文》的体例，至于不同隶字的写法，则是源自可靠的拓本。"至于所据遗文为拓本，为可信之橅本。手

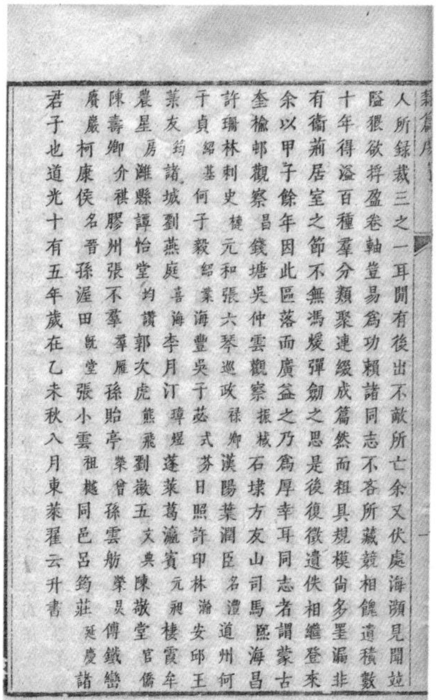

图二 《隶篇》翟云升序，清道光十七至十八年东莱翟氏刻本

自双钩，豪芒必谨。一点一画，疑似阙如。"

翟云升为什么要下如此大功夫来编撰这样一部书呢？他在序中解释说：

> 而于诸著录家无所贩鬻，以刘氏《隶韵》、娄氏《字源》以下诸书，皆经传写重刊，渐失本真，沿讹袭谬，心所未安尔。尝慨金石隶古流传至今者，视宋人所录裁三之一耳。间有后出，不敌所亡。余又伏处海濒，见闻并隘猥。欲捃拾盈卷轴，岂易为功。赖诸同志不吝所藏，竞相馈遗，积数十年得溢百种。群分类聚，连缀成篇。

翟云升发现有一些研究古字的书因为不断翻刻，已经产生了不少的错讹，还有很多金石和古碑在流传过程中失传了，宋人能够看到的实物，到了翟的时代只能见到其中的三分之一，虽然之后又有新的古碑出土，但抵不过消失的数量。他谦称自己住在偏远之乡，想广泛搜集各种隶书拓本是何等之不容易，好在有朋友们的帮助，方有了今日之成就。翟云升在自序中详列出了给他提供过拓片的朋友，以表感谢之情，其中包括许槤、王筠、刘喜海、何绍基、叶名沣等，这些都是当时的大藏书家。

《隶篇》刊行后，在市面上颇为流行，喜爱隶书的人几乎人手一部。耿文光在《万卷精华楼藏书记》中将此书与其他三部同类书进行了比较，仍然觉得此书可宝。"余尝以《字源》《隶韵》《分韵》三书对勘，其隶字笔画殊异，不知何本为是。此书从拓本之佳者肖形钩出，喜其足据而又博采诸书，订其讹谬，视《字源》《隶韵》详审多矣。且字数无多，更堪宝重，因录其考证诸说确然不疑者，以为学古之助，可与金石类互参也。"

民国十三年（1924），上海扫叶山房以石印方式将该书影印发行，同时把书名改为《隶书大字典》，可见这部书已经成为人们心目中标准的工具书。1985年中华书局将该书影印出版时，在说明中写道：

> 《隶篇》十五卷、续十五卷、再续十五卷、再续增本十五卷，清人翟云升编撰。这是一部隶字形义字典。字形选自汉魏吉金、石刻。前十四卷依《类篇》体例按部类排列，所收各字均注明出处，并解释字义，说明正、借、别体及其源流。第十五卷为偏旁及隶变通例。本书是汉字发展、隶法源流研究者和书法篆刻工作者的重要参考书。

这些都说明了该书在后世的影响力。然而对于此书的刊刻者，各种书目中的著录却各有不同。解树明在《翟云升〈隶篇〉版本考》中列出了四种说法：翟氏家刻说、许椿刊刻说、杨以增刊刻说和杨守敬刊刻说。解树明在文中对此逐一梳理，比如许椿刻本的问题，解先生转引了许椿在《古韵阁宝刻录》序言中的所言：

> 迨甄叙得山左平度牧，公务繁猥，匪遑启处。然犹于吏牍之余，访北齐郑述祖天柱山铭。攀藤缘葛，危至不能容足，于风日中毡拓一纸以归。时东莱翟进士文泉刊其所著《隶篇》一书，征引两汉古刻亦有取贷于余者。余莅平度七年，廨署为汉胶东相故第……咸丰八年岁在著邕敦牂余月海宁许椿书于苏台之黄武镜斋，时年七十有二。

许椿在道光十六年（1836）任平度知州，一直到道光二十三年（1843）

一直在山东任职。然许槤只是给《隶篇》的三编各书写了书牌，致使有人将此书误著录为许槤刻本。前面所引翟云升的自序中，也只是提到许槤是给他提供拓本的诸多朋友中的一位，如果该书乃是许槤所刻，那么翟云升必会在序中提及此事。

关于杨以增刊刻说，应是本自陈官俊在《隶篇》序中的所言："枕中之藏，不宜终秘，为付剞劂，公诸同好可乎。怡堂以为然，欣然为董其事。先是聊城杨东樵观察闻文泉有是作，尝欲为梓行，乃合谋。而同郡邑诸戚好，及一时钜公官吾东者，又乐与赞成焉。"

图三 《隶篇》牌记，许槤题

　　看来在刊刻《隶篇》这件事上，杨以增的确提供过帮助，但是陈官俊在序中又写道："去年（道光十七年）夏五月，遣工抵莱，就文泉所开雕，文泉馆诸从叔穉桥丈之来薰园。晨夕考诚，并校舛误，越年余而工告竣。"这段话明确地说《隶篇》的刊刻地点就是在翟云升家中，所以此书并非杨以增所刻。

　　关于杨守敬刊刻说，则是因为杨在光绪年间将《隶篇》十五卷辑入了《邻苏园金石丛书》。杨守敬虽然确实刊刻了《隶篇》，但已是另外的翻刻本，与原刻已经不是一回事。

　　《隶篇》原刻的书版一直存放于翟云升家中，崔天勇在《翟云升与其木版〈隶篇〉》中写道："1953 年翟云升的后裔翟承同志令其女将这些历经百年沧桑的世传家藏珍宝——《隶篇》全书原木刻印版 670 块，捐献给了国家，现由莱州市博物馆收藏。"对于这些书版的具体情况，该文中有如下介绍：

　　书之印版，皆系梨木板雕成。版高 23 厘米，宽 33 厘米，左右双栏。版心上面刻书名、卷数、单鱼尾，鱼尾下刻部目或卷目、页数。所选之隶字均原大双勾。注文仿宋字，每版 28 行（半页 14 行），每行 25 字。内封版 2 块，皆顶框刻篆书大字书名，旁有题书者落款。序文版 4 块，亦左右双栏，行字数与注文版格式同。全书印版共 676 块。每块板后另有用墨笔所批编写的甲乙丙丁等顺序号码，以便于印刷时使用。

　　为《隶篇》作序的陈官俊，乃是晚清金石大家陈介祺之父。从陆明君所撰《陈介祺年谱》中可以查得，陈介祺与翟云升有着密切交往，陈为翟编《隶篇》一书提供过很多帮助。同时翟云升也帮陈介祺制作一些偏远之地的拓片，比如道光十七年（1837），陈介祺 25 岁时，翟云升赠给他邹县摩崖精拓本。陈介祺也帮着翟云升寻找珍稀拓片，以便让他从中辑出需要的字。比如道光十八年（1838）正月十五日，陈介祺在给翟云升的信中称："前客腊曾上一书及杨震碑等，又由潍上一书，想俱鉴入。兹因数苾太史一书暨新出三公山碑、汉钲、汉钫摹本，故又上书左右。伏惟道躬安善，新年多福为祝。三公碑子苾只此一纸，钩时望珍护之，妥便寄都为盼。道光戊戌上元。"

陈介祺帮翟云升借到了《祀三公山碑》拓片，他说此拓片是金石大家吴式芬的藏品，而吴仅此一张，所以叮嘱翟云升在双钩此碑时多加小心，不要损坏原件，用完之后马上寄回。

道光十七年五月三日，陈介祺在给翟云升的信中谈到了编刻《隶篇》之事：

> 《说文韵谱》前已收，《苍颉碑》已交子苾，润臣求书二纸，方赤翁二书，菉友姻叔二书均已分致。刻工今已启行。怡堂表叔办理井井有条目，想不至有遗漏处。伏求年伯善惜精神，于双钩字加意详慎，勿过劳尊体也。瘦鹤先生久慕为人，亦有志搜访金石否？前在年伯斋中见卢岳斋所赠古铜杠头，有字者似佳，便中望赐祺一观为幸。

从此信中亦可了解到，翟云升是采取双钩的方式，把拓片中所需要的隶字录下来。陈在札中所说"刻工今已启行"，很有可能是说翟云升在家中刊刻《隶篇》时所用的刻工，乃是由陈介祺帮他介绍来的。

关于刻工的问题，陈介祺在道光十八年二月四日的信中再次提及：
"刻工已于新正廿六日附肖太守纪纲来掖之便，未知至否？系二人由祺处
借去京钱廿千，可即于刻价内留之可也。去岁刻工来掖时，祺与怡堂丈
皆有书呈，如沉浮殊可恶，伊立约罚三十千，如未至，当如数罚否？以
其刻书之优劣为予夺其所借，则必须于刻价内留之。惟年伯尊裁焉。"

由此可知，两位刻工曾经从陈介祺那里借了二十千京钱，想来是用
作途中的盘缠，陈介祺告诉翟云升，可以从支付的刊板费用中扣除此钱。
由此说明翟云升刊刻《隶篇》至少有两位刻工，是否还有其他刻工，惜
难查得史料。在此信中，陈介祺还问到了许梿的情况："珊林先生搜访如
何？一出都门竟无书问，想吏治过劳也。"

许梿虽然在山东做县令，但他整天忙着到野外搜寻古碑做拓片，以
至于没时间给朋友回信，陈介祺还担心他工作太忙损伤身体。可见山东
一地的金石大家相互间均有交往，都为翟云升编纂《隶篇》一书提供了
尽可能多的帮助。所以陆明君在《陈介祺年谱》中谈到这一段史事时说：
"是年前后，屡与翟云升通函，并为其编撰《隶篇》及《隶篇续》《隶篇
再续》等提供拓本，以供勾摹上书。翟云升与吴式芬、何绍基、汪喜孙、
王筠等金石学家的通函与联系，俱由陈介祺转达。"

2019 年 4 月 26 日，在齐鲁书社副总编辑刘玉林先生的带领下，我们
从济南开车，一路来到了莱州，在这里见到了刘先生的朋友吕茂东先生，
后经吕先生介绍，认识了莱州市博物馆馆长张玉光先生。张先生带我们
先去参观了《郑文公下碑》原石，而后又带我等返回博物馆去看跟云峰
山刻石有关的展览。

莱州市博物馆处在市民广场内，这个广场体量巨大，外形设计大气，

图四 《隶篇》版片

兼具中国元素，大门口的丹墀刻成了高浮雕的鲤鱼跃龙门，看得出该馆在建设时用了很多心思。

博物馆占了其中一层楼。在入馆之时，我想起来《隶篇》的版片就藏在这里，于是问张馆长是否能够看到这套书版，张馆长说版片恰好在展览中。闻听此言我大感高兴。

进入馆中，我们先沿着展线一路往下看。展线从史前时期讲起，布展方式乃是雕塑与实物相结合，以此展现莱州地区的远古文明。在这里看到了出土的石器和陶器，还看到一条体量巨大的独木舟，余外还有不少的刻石拓片。吕先生是当地有名的文史专家，听他一路讲解下来，使得我对莱州的历史有了概要性的认识。

而后我看到了《隶篇》的雕版。从整体上看，雕版保护得较为完好，只是有个别版片腐朽了，但是书牌却完好无损。张馆长向我讲述了版片进入该馆的具体过程，同时提到馆里正在向当地文物部门申请，准备用原版刷印出一些线装书来。我竭力鼓励他能够促成此事，因为这种递修本还有一层价值在于保留了一种传统技艺，如果没有人会刷版，那么这些雕版就变成了死文物。同时我也向在场的几位朋友讲述了自己收藏翟云升稿本《隶样外编》的过程。

2008年底，有朋友打电话告诉我，网上出现了一部翟云升稿本《隶样后编》。此乃翟氏有名的小学著作之一，我虽藏有翟云升的几部刻本，但他的手稿却未能得到。经过翻查书目，得知国家图书馆藏有翟云升稿本《隶样》八卷，于是我立即前往国图特藏部调出原件细看。此稿与网上所见的《隶样后编》字迹完全一致，看来的确是翟云升的手稿。并且两者装帧完全相同，说明它们原本应属同一部手稿，只是不知何时原编到了国图，而《后编》却流落他方。于是我立即想将网上所售拿下，可惜因缘不到，与此书失之交臂。

两年后，《隶样后编》手稿又出现在南京某场拍卖会的预展中，我立即请南京的朋友代为举拍，终于将该稿拿下。书到之日，甚为兴奋，细细翻阅，发现书名"隶样后编"的"后"字已被翟圈去，于旁边添一"外"字。看来该书原名"隶样后编"，翟云升又将其改为了"隶样外编"。

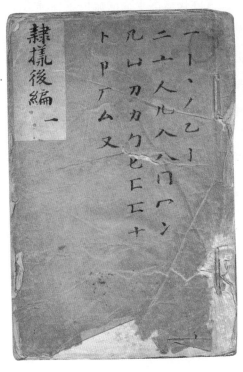
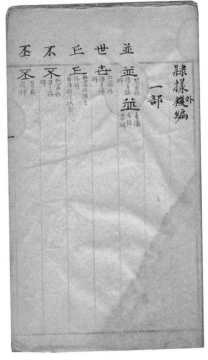

图五　《隶样外编》八卷，清道光稿本

　　众人闻听我得到此稿，纷纷表示祝贺。遗憾的是此书未经刊刻，仅以稿本形式流传，否则的话，说不定就能在莱州博物馆里看到这部《外编》的书版了。

　　经刘玉林先生的事先安排，当天下午我在莱州书城举办一场讲座。按照惯例，讲座后会安排读者提问，意外的是，有一位年轻人现场提到了我买《隶样外编》手稿之事。我问他何以知之，此人告诉我，当年这部手稿就是他在翟云升老家发现的，但是少有人识宝，他只好将此稿卖出，后来看到《芷兰斋书跋》方知是我得到了该稿，而今听闻我来这里举办讲座，所以特意前来见面，以便告诉我这部手稿的流传过程。竟然有这样的因缘在，能够见到手稿发掘人，也让我大为开心。可惜行程安排得太紧，无暇向这位朋友请教更多的细节，否则的话，很有可能了解到更多不为人熟知的故事。

陶子麟

陶籀常与天地在

晚清民国间，南北两地都出现了多位刻版名家，其中南方名气最响的，应当就是陶子麟。陈琦对陶子麟特别推崇，几年前我看过他写的一篇关于陶子麟的文章，那篇文章写得很有趣。陈琦说，有书友来其家中看书，他给对方看自己所藏的陶子麟刻书专题，结果书友说不曾留意过有这么一个人，这让陈琦很受伤。但他越挫越勇，每当有书友来看书或谈起武汉的刻书事业时，他都是言必称陶子麟。

陈琦的这个努力，应该说也有点儿效果，但总体而言，我至今还未听说过有哪位藏书家会以刻书人为专题来收藏。近几年，藏书家所刻之书也算是市场上的一个小热门，但这种热门的着眼点并不是某书为某个剖劂名家所刻，大家关心的是该书是否为某个大藏书家主持刊刻。因为既然是大藏书家，那么他刊刻的底本在大多数情况下会很难得，同时因为是大藏书家，在资金上会比较充裕，这使得刊刻出来的书，无论是刊版质量、刷印水平、用纸精粗，都会超出一般的坊刻本。藏书人也有爱美之心，漂亮的书最受欢迎，藏书家所刻之书被爱书人当作一个专题来收藏，也就没什么值得奇怪的了。

张秀民在《中国印刷史》中说："宋官书多为临时鸠集工匠开造，待雕毕，刻工即散去。书坊刻工大抵为书坊掌柜长期雇用。"由此可以知道宋代官方刻书和书坊刻书，主持者与刻工之间的关系有所不同。官家刻一部大书，会临时组局找一批刻工来工作，刊刻完毕后即行解散，而书坊老板与刻工则属于长期雇佣关系。

后世研究者想要了解古代刻工，通常是从古书的版心去寻找刻工名字，郑幸在《清代古籍刻工组织形式的转变与刻字店的兴起》一文中探讨了刻字社与书法的关系，以及工头与刻字工的区别，而后给出结论："在清中叶一些刻工的刊语中，还出现了'董刊''董工''领刊'等词。所谓'董''领'，即主持、统领之意。如果放在刻工身上，显然就有工头之意。"

通过寻找这样的规律，可以探知哪些刻工是工头，但工头是否就是书坊的老板，这也难以确认。李国庆在《漫谈古书的刻工》中也谈到了工头问题，"在清代嘉庆以后的刻本中，刻工题名出现了某某'局'刻款式，上举穆氏题名外，诸如刻工汤晋苑于咸丰二年刻《仪礼正义》时署'苏州汤晋苑局刻'，刻工毛上珍在光绪间刻《风世韵语》时题'吴郡毛上珍局刻印'等。盖'局'与'肆'相类，设肆刻书，自任刊工，此又一类刻工是也"。他同时提到了书坊老板与工头的区别，"毛氏汲古阁雇刻工刊书，自己并不执刀刻字，而穆氏躬自剞劂，设肆经营，这是两者不同之处"。穆氏即穆大展。

可见，李国庆认为穆大展是工头，而毛晋是老板，因为穆大展会参加具体的刻板工作，而毛晋不会。郑幸在文中举出了早在乾隆二十七年（1762）所刻的《三江水利纪略》一书中就有了"吴门穆大展局刻"字样，另外还有几部乾隆本也有这样的署款，说明在那时，穆大展已经组局刻书。

那么陶子麟是工头还是老板呢？王海刚在《近代黄冈陶氏刻书考略》一文中说"他身兼出版家与刻工双重身份"。雷梦辰在《津门书肆记》中分别写到了坊刻本、刻字铺以及陶子麟：

> 坊刻本的范畴与区分，总的说，"坊""铺""局"都代表"店"字，"坊刻"就是店刻，"坊刻本"就是店刻本。但"坊刻本"一词，不仅指书店刻本，其他各店铺刻本均列在内，如"馒头铺""刻字铺""药铺"刻印自销兼批发的《唱本》《搢绅》《药目》都称"坊刻本"。但是"刻字铺"刻的书，其称谓也有区分，如：清末民初时，名牌刻字铺称"南陶""北文"，是指南方的陶子麟刻字铺和北方的文楷斋刻字铺，两家都聘用高技术写工和刻工，刻的书都是代刻代印，如陶兰泉在文楷斋刻印的书称陶刻，张宗昌在文楷斋刻印的《石经》称为《张刻石经》，因其刻印精良，现在统称"善本"。前者与书店有共同点，后者则反，因其代刻故不能列入"坊刻本"。

按照雷梦辰的说法，陶子麟开办的是很有名气的刻字铺，他以个人的名字作为店名，足以说明他对自己的刻书质量非常有信心。从各种史料来看，陶子麟不是甩手掌柜，虽然他开的刻字铺规模不小，但他本人却是主要的刻工。同时他的刻字铺也不仅仅是为他人刻书，如果活不多时，他也会自刻书，刷印后售卖。从这个角度来推论，陶子麟刻字铺内的刻工数量不少，当接不上活儿时，陶氏会通过自刻书来养店里的刻工。

陶子麟刻字铺的自营刻本显然属于坊刻本。在藏书界或目录版本学界，根据出版性质，大致把古书分为官刻本、家刻本、坊刻本三大系统，同时认为坊刻本质量最差。但是陶子麟刻字铺的自刻书质量不在其为他人代刻之本的质量之下，正是这家刻字铺的存在，使得古书三分法等而下之的观念不能成立。

从这个角度来论，陈琦先生以著名刻字铺作为收藏专题，并且该刻字铺在古籍刊刻史上有着特殊地位，这正是他眼光独到之处。同时，陈琦身居武昌，陶子麟刻字铺就开办在武昌旁边的黄冈，他的这个专题也算是在收藏乡贤刻书。

来到武汉的第二天（2015年6月20日），陈琦就带着我到处去寻访，其中一站就是去看陶子麟刻书处，一路上还给我讲述着书界的故事。陈琦算是书界最前沿的从业人员，他的故事我听来很是新鲜有趣。谈话中，我更能感觉到他对陶子麟是何等推崇备至。不知不觉间来到刻书处附近时，我注意到这一带就在黄鹤楼的脚下。陈琦把车停在一条既宽又短的闹市区街边，指着这段粗短的马路说，这一带就是陶子麟刻书处所在。

展眼望去，路的两侧全是商铺，这些商铺的匾额又大多是琴行，陈琦说，这是因为音乐学院就在旁边。我看到街边的路牌写着"读书院"，应当就是这条路的名称。陈琦注意到我拍这个路牌，这激起了他的考证

图一　陶子麟刻书处所在地

癖，他开始给我细细地讲解这个名称的错误，以及形成这个错误的历史来源。但是此时此刻的我难以静下心来听他给我普及知识，我想知道的是，那个刻版处究竟在哪里。他愣了一下说，陶子麟刻版处早就被拆光了。我说，那既然如此，我们到这儿来看什么呢？他理直气壮地说："就是来看遗址呀！"

　　其实我早知道他对武汉当地的藏书史研究得特别细致，但此时的我就想跟他抬杠，反问他怎么证明遗址就在此处。他马上带着我走到一面院墙前，指着一块铭牌说，这就是证据。

　　眼前所见的这块铭牌，跟文保牌很类似，只是可惜的是，上面刻着的字样是"三佛阁遗址"。陈琦当然读到了我脸上的疑惑，他马上解释道，从他所搜集到的陶子麟所刻之书上，知道那个刻书处就在三佛阁旁边，回头他可以出示证据给我看。我当然知道他是个做事可靠的人，既然有此一说，必有史料作依据。只是眼前一切茫然无存，无论我怎么看开世事，仍然会有一种骨子里的不舒服，这种不舒服我又不能发泄给路人，只好把这种情绪转移到他的头上。

关于三佛阁，陈琦站在那里向我讲解了一大堆，但是在那种情绪下，我根本没有听进去，回来后查资料，才知道这个三佛阁果真有些来头。此阁是由宋代的妙慧禅师所建，元、明、清三代均有扩建与重修，先后

图二　三佛阁遗址文保牌

出过多位有名的高僧。三佛阁跟中国近代史也有着关系，比如光绪十九年（1893）张之洞在此铸造银元，因此三佛阁又是湖北银元局所在地。后来张之洞又在这里开办了湖北省立宣讲所，这是全国成立的第一家宣讲所。张之洞还在三佛阁旁边创办了自强学堂，这个学堂对中国近代史贡献极大，并且就是而今武汉大学的前身。闻一多是中国现代史上的名人，而他小的时候就跟家人租住在三佛阁里面的一间厢房内。按说这么有历史意义的一座寺庙，应当能够保留下来。可是在 1958 年，武汉市把272 所寺院集中为 16 所，因为这个缘故，三佛阁被东风印刷厂占用，至于何时被拆除得没了痕迹，我未能查得确切史料。

三佛阁的历史资料我虽然读到了不少，却未能从中读到跟陶子麟有关的一个字，看来武汉当地的有识之士并不在意陶子麟这位国手级的刻版人。我说陶子麟是国手级，一点儿都没有夸张。陶子麟当年给刘承幹的嘉业堂刻过书，《嘉业堂志》上有这样一段话："所选写手、刊手及印刷铺都是当时国内一流的，一些较难刻的珍籍宋本，请最善于摹写各类字体的饶星舫为写手，由有'天下第一好手'美誉的陶子麟雕刻。"《嘉业堂志》中把陶子麟称为"天下第一好手"，足见他在当时刻字界的风头一时无两。

当然，有人会说这是《嘉业堂志》的撰写者明着夸陶子麟，实际却是间接地夸嘉业堂所刻版片的精美，那么我还可以举出其他人对陶子麟的评价。晚清武昌有三大藏书家，杨守敬、柯逢时和徐恕，其中的柯逢时曾说过这样的话："鄂匠惟陶子麟一人可恃。"如果有人说，这仍然是乡贤间的回护，那么我再举大藏书家叶德辉对陶子麟的评价：

晚近则鄂之陶子龄，同以工影宋刻本名。江阴缪氏、宜都杨氏、常州盛氏、贵池刘氏所刻诸书，多出陶手。至是金陵、苏、杭刻书之运终矣。然湘、鄂如艾与陶者，亦继起无其人。危矣哉，刻书也！

叶德辉这里说的陶子龄，就是陶子麟，他说当时的著名藏书家缪荃孙、杨守敬、盛宣怀、刘世珩等都找陶子麟刻书，可见陶子麟已是刻书界炙手可热的人物。叶德辉甚至担心陶子麟的技艺不能传下去，会让整个刻书事业岌岌可危。

我查过了一些史料，以刊刻的费用来说，陶子麟是他那个时代工价最贵的。当年嘉业堂刻书时，因为数量大，所以请了多个刻书坊同时来刻版，所请均为当时著名的刻书坊。当年刻书的花费，刘承幹大多记在了自己的日记里，现在我摘录一些列在下面，以此做比较。

同岑集十二卷	1922	扬州周楚江	大洋两元七角	174
玉溪生年谱会笺四卷	1919	苏州郑子兰	大洋两元五角	139
八琼室金石补正一百三十卷金石札记四卷金石祛伪一卷金石偶存一卷	1924	金陵姜文卿	大洋两元九角	2295

以上三种书，都是刘承幹请人为嘉业堂所刻，第一栏是书名，第二栏是刊刻时间，第三栏则是书坊地点和刊刻者，第四栏为每千字的价格，最后一栏则是一套书版的版片总数。从所列的这些价格看，每千字价格最高也没有超过大洋三元。而下面所列，则是陶子麟为嘉业堂刻书的价格。

邻州石室录三卷	1915	大洋五元	102
史记	1919	大洋五元	1306
汉书一百二十卷	1920	大洋五元	2100
后汉书一百二十卷	1921	大洋五元	1863
三国志六十五卷附校勘记三卷	1926	大洋五元	705

从这个表格可以看出，陶子麟刻书的费用一律是每千字大洋五元，这个价格比其他任何人都高。我细细地查过了嘉业堂刻书的所有工价，嘉业堂所刻之书，陶子麟的刻书价格始终都是五元，也始终是嘉业堂所有刻书中最贵的一家。而上面提到的金陵姜文卿，其实也是那个时代著名的刻手，他在南京办起刻书处，给大藏书家缪荃孙、刘世珩等都刻过书，比如缪荃孙的《藕香零拾》《艺风堂藏书记》、刘世珩的《金石图说》《金石契》等等，这些也是藏书家所刻书中的名品，然而他给嘉业堂刻书时的工费报价，始终是陶子麟价格的一半或者三分之二。当年嘉业堂或其他藏书家刻书时，都很在乎工费的高低，因为这是一个长期而且工作量巨大的工作，累积在一起，刻版是个不小的开支，因此在付酬时都会再三考量。但即使陶子麟的工费比其他人贵那么多，仍然有人找他刻版，那就说明他的版刻必有超于常人之处。

陶子麟给嘉业堂所刻书中最有名的当然是"前四史"，这四部书据说是用红梨木精雕而成，也是嘉业堂所刻书中最精美的。王汉章在《中国近三十年来之出版界（刊印总述）》一文中评价嘉业堂刊刻的"前四史"称："此乃近三十年来，木版家刻书之最精者，为近代中国木刻书之代表者。"当年陶子麟为了刊刻此书也的确下了功夫，他从民国三年（1914）

开始雕刻，直到民国十七年（1928）方才完成。正因为他下了这么大功夫，该书才被后世视为民国影刻本中的翘楚。当年嘉业堂用料半纸精刷的初印本售价为 300 块大洋，而今这种"前四史"完整无缺的初印本还从未出现在拍卖会上。2011 年卓德上拍过"前四史"中的一部《三国志》，虽然仅是全书的四分之一，却以 24.15 万元成交。而在八九十年代，嘉业堂曾将这套书的书版借给他处刷印过一些，如今这种后刷本在市场上也能卖出十几万元的高价，这些都足以证明市场对陶刻的认可。

我很好奇陶子麟是从哪里学来的这种刻字绝技。1989 年第 9 期《武昌文史》上有一篇写陶子麟的文章，篇名是"怀念父亲陶子麟"，作者署名陶敏，我不知道这位陶敏是"他"还是"她"。这篇文章简要地介绍了陶子麟的生平，原来陶子麟刻字的高超技艺跟大藏书家杨守敬有很大关系。

陶敏在文章中讲道，陶子麟出身于农家，田间劳作之余，喜欢学习刻字，后来从农村来到了武昌，在其族人开设的刻字作坊当童工。因为刻字作坊的师傅手艺不高，致使作坊的客户很少，生意也很差。师傅去世后，作坊就由陶子麟接管。

后来一个偶然的机会，杨守敬看到了陶子麟所刻的书名题笺，感觉颇有功底。那个时候，杨守敬在两湖书院任教，而陶子麟家正巧就在书院对面，因此杨在闲暇之余，就会走到陶家去聊天。杨守敬告诉陶子麟，要想提高刻字技艺，必须要懂得中国书法，于是杨给陶讲解中国不同时代、不同地域书法的不同特点。杨藏有大量碑帖，他从自己的所藏中选出一些借给陶看。陶拿着这些碑帖仔细琢磨，把书法中的特点融入自己所刻的字体中，渐渐形成了挺拔中见秀丽的刻字风格。

后来杨守敬出访日本几年，归来时带回了一部日本刻字高手刊刻的

《古逸丛书》。杨将此书拿给陶，让他依照着《古逸丛书》的字体进行摹刻，刻成之后，杨再点评摹刻的优处与劣处。经过这样的磨炼，陶子麟的刻字技艺更为炉火纯青，名气也渐渐在藏书家之间传播开来。

陶敏在文中说："后先生自日本回国，又将所校勘的《古逸丛书》二十六种，请父亲进行摹刻。书成后，先生非常满意，认为字体精美，允推善本……《古逸丛书》刊行后，求刻者日益众多。其时主讲于经心书院的江阴缪荃孙先生亦请父亲刻其所著和藏书《艺风堂文集》《艺风堂金石目》等等。荃孙先生生平研究文史，酷嗜金石，善篆刻。刻书时，常与父亲谈论金石的朴拙风格，研讨切冲刀法。父亲常将所镌的印章，请先生评论得失。其间，先生又介绍其好友西泠印社的吴石潜与父亲结识，并寄来拓印的碑帖、金石铭文的拓片及篆刻集锦等供父亲学习鉴赏。"

陶敏说其父陶子麟刊刻过《古逸丛书》，不知道何以为证，因为至今没有见过陶子麟翻刻的《古逸丛书》。但陶敏说其父与缪荃孙有密切交往，实有其事。缪荃孙是版本目录学大家，他能认可陶子麟的刊版水平，自然很重要，因为他给陶介绍了很多刻版生意，同时陶也给缪刻过一些书。比如陶在光绪二十二年（1896）为缪荃孙刊刻《藕香零拾》三十九种，光绪二十五年（1899）为缪刊刻了《云自在龛丛书》中的《北梦琐言》二十卷、《逸文》四卷，光绪二十八年（1902）为缪刻了《艺风堂藏书记》八卷，等等。

另外，陶子麟还刊刻了缪荃孙所编的《常州先哲遗书》。清代的常州府下辖江阴、无锡、宜兴、武进四县，因此武进盛宣怀出刊刻之资，江阴缪荃孙负责搜集和校勘，此事起于光绪二十年（1894），讫于民国四年（1915），共收书 73 种 696 卷。刘徐昌在《缪荃孙与〈常州先哲遗书〉》

一文中讲了这样一个故事：

清季民初，江阴名士缪荃孙编辑了一部《常州先哲选书》（以下简称《遗书》）。为该书雕版是湖北黄冈人陶子麟，是清末民初四大名刻之首，尤擅刻仿宋体；篆首刻字是阳湖的汪洵和史思绵，史幼习篆籀，喜欢研究周秦碑刻，所以，其篆刻亦很精美，由此可以看出该书无论内容还是印刷看都是极具收藏价值的。初编印行之始，就得到了文士们的极大赞赏和推崇，许多名士争相购买。无锡名儒钱基博得此书当年，喜得贵子，遂因书给儿子授名曰"钟书"，又名"仰先"，其书闻名当世由此可见一斑。

当然陶子麟还为许多藏书家刻过书，比如他在光绪三年（1877）为杨守敬刻《楷法溯源》十四卷，民国四年（1915）为徐乃昌刻《随庵徐氏丛书二编》，民国三年（1914）至民国十七年（1928）为刘承幹刊刻"前四史"等。究竟他刻过多少书，陶敏在文中写道："在半个世纪中，父亲雕刻的古籍，我们无从知其确数，仅他留存在家中的藏书就有三百余种，此外刻而未印，印而未留，当也不在少数，如为常州天灵寺、杭州灵隐寺所刻多种佛经，在家藏书中就未见过……"

三百余种书显然是概述，更何况一部丛书通常包含几十种书，是按部数统计还是按零种统计，也有着较大的差别。江凌在《清末民初武昌陶子麟书坊刻书业考略》中给出的数据是："据不完全统计，刻书达170余种800余卷。"

古代刊刻书版大致分两个步骤，第一个步骤是需要先有人把欲刊之书写成版样，写样书需要一张极薄且有韧性的纸，按照刊版形式，把文字和版框绘制出来，再将此纸反贴在木板上。第二个步骤则是刻工按照反贴的写样一刀一刀地刻下来，于是就形成了刻有反字的雕版。此后印工在版片上涂墨，再浮上纸轻压，揭下来就成了一页印有正字的书页。可见书版的写工和刻工同样重要：如果写工写得不好，那么无论刻工技艺多么高超，也难刻出漂亮的书版；但是反过来，即使写工水平很高，但刻工手艺差，不能百分百地还原出写样的原貌，也同样不能体现版刻之美。

陶子麟所刻之书就是因为有著名的写工饶星舫配合，方使得陶刻名扬天下。比如陶湘主持影刻的《儒学警悟》和《百川学海》很有名，这两部书的写样人就是饶星舫。陶湘在影刻的《百川学海》序言中说："全书为黄冈饶星舫一手影模。星舫曩客艺风，多识古籍，与湘游亦十稔，所刻著书皆出其手，《儒学警悟》亦其一也。而于此用力尤勤，不图杀青未竟，遽归永夜。"

陶湘影刻诸书，大多精美，被当今藏家称为新善本。大约是经缪荃孙的介绍，陶湘认识了饶星舫，于是请饶写样。两人交往十年之久，饶为陶湘写样的最后一部书乃是《儒学警悟》。

但是饶星舫为缪荃孙写样的《京本通俗小说》却受到了后世的指摘。苏兴在《〈京本通俗小说〉辨疑》中认为此书并非如缪荃孙所言是一部古本，其认为这部小说集中的几篇是从《警世通言》和《醒世恒言》中抄出来的，"缪荃孙刊版原式的'通体皆减笔小写'，来表明《京本通俗小说》确是'影元写本'，非后人所能假造。实际倒反衬它确是伪造。按烟画东堂小品本的字体和书版样式，确实很像是影写的元人刻本，是元人刻戏曲、小说时的字体、样式。但是这不过证明了作伪技巧的高明，最终还是心劳日拙的"。该文同时说："缪荃孙的作伪是有帮手的。清末民初的饶心舫（香舫）其人工于摹写古本书，他先为武昌陶子麟刻书处任书写工作，后来为缪荃孙写书三年，缪荃孙又把他介绍给刘承幹摹写宋本前四史。今烟画东堂小品本《京本通俗小说》书页上有'陶子粦刊'字样，可见这正是饶心舫摹写、陶子麟刻书处刻印出版的。缪荃孙是造假书的主谋，饶心舫合谋（受雇性的合谋），于是一部所谓'通体皆减笔

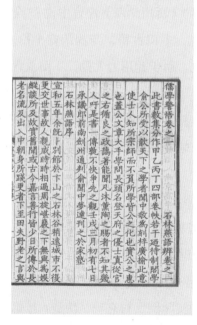

图三 《儒学警悟》卷首及刊记，民国十一年武进陶湘刻硃印本，饶星舫写样

小写'、'影元写本'的《京本通俗小说》便出笼行世了。"

事情究竟如何，苏兴没有举出饶星舫合谋的证据。更何况，饶是著名的写手，他在进行写样工作时，如果对方要求影刻，他也只能尽量还原底本的原貌，至于内容如何，与其无关。

但是，饶星舫的写样真能完全地忠于底本原貌吗？郭立暄在《陶子麟刻〈方言〉及其相关问题》中提出了质疑。该文讲到民国初年傅增湘收得宋庆元六年（1200）浔阳郡斋刻本《輶轩使者绝代语释别国方言》，他请陶子麟影刻上版。也许是期望值太高，等傅增湘看到印样时，颇不满意。

郭立暄谈到《方言》一书原本是盛昱旧藏，王懿荣曾向盛昱借来此书影写翻刻，但他的翻刻本却被人讥为"字如翰苑官体书"，于是王懿荣不好意思再拿出此影刻本给人看。此书原本归傅增湘后，傅托董康寄给日本小林忠冶制成珂罗版刷印百部，后来又托缪荃孙找陶子麟影刻上版。当傅看到印样时，发现陶影刻的《方言》与底本风貌相去甚远，于是给介绍人缪荃孙写了封信，表达了自己的不满意。

缪荃孙接信后误以为傅增湘是找借口拒付刊版之资，因为傅在信中说他打算在北方另外找高手重新影刻。傅增湘接到缪荃孙的回信后，知道缪误会了自己的意思，于是回信予以解释：

前奉手教，知前书有开罪之处，悚惕万分，迟回再四，未敢遽答，非故迟滞，实恐措辞再有失当，益以重晚之咎也。……至刻书一层，晚前函亦只及陶刻之不合意，并未言《方言》之不用，只言将来拟令北方匠人试刻（亦指他书而言），意欲别开一派，不过悬想之词，固未尝刻，亦未尝有匠人，以其皆在不可知之数耳！……此书既刻成，万无不要之理，且留此别行，亦未尝不可。原书既在敝处，亦未便将刻板奉让，仍乞通知前途将刻值算清，以便归款。(《艺风堂友朋书札》中傅增湘致缪荃孙第九札)

问题是陶子麟刻书如此有名气，为何出现大失水准之事呢？郭立暄先在文中谈到了陶子麟影刻第一部书的时间问题："目前所知最早的陶子

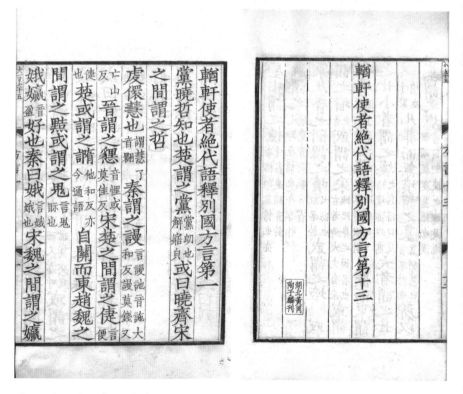

图四　陶子麟刻《方言》卷首及牌记

麟刻书，是他为湖北崇文书局翻刻的《李太白文集》。该本内封面题'光
绪纪元夏月湖北崇文书局开雕'，知该本刻在清光绪元年（1875）。传世
印本有初印、后印之别：初印本《总目》后有'陶子麟镌字'字样，版
心镌刻工名，后印本铲去刻工名及陶氏刻款。"

这部《李太白文集》中有多个刻工名，郭立暄列举了他们的名字之
后，认为这些人应该都是陶氏书坊的刻工，陶子麟与他们是雇主与职员
的关系，而这些人也有可能是陶子麟的弟子，"陶子麟的名字镌刻在卷一
首叶版心下，我们知道，开卷首叶是门面，一般由技艺精湛的刻工来操
刀。从过去手工业作坊的一般情况来推测，这些刻工与陶子麟可能还有
徒弟与师傅这层关系，他们的刀法都是陶氏传授的，所以能使全书风格
保持一致"。

由此可知，陶子麟刻字铺人数众多，故他为傅增湘影刻的《方言》，
会不会是因为出自众人之手而出现质量问题呢？郭立暄认为，其实陶子
麟刻字铺影刻的不少书都与原底本有差异："他为徐乃昌刻《徐公文集》，
从南宋前期明州本翻出，原本是方严的欧体；为缪荃孙刻《宾退录》，从
影抄宋书棚本翻出，原本是方整的欧体；为张钧衡刻《唐书艺文志》，从
南宋中期建安魏仲立宅本翻出，原本是峭厉的柳体；为张钧衡刻《反离
骚》，从南宋江西刻本翻出（张钧衡作'宋尹家书籍铺刻本'，系误鉴），
原本字体在颜、柳之间；为徐乃昌刻《白虎通德论》《风俗通义》，从元
大德本翻出，原本字体稍大，方中略带圆；为端方刻《东坡七集》，从明
成化程宗吉州刻本翻出，原本字作赵孟頫体，稍显粗率。这些书一经陶
氏翻刻，架子还在，但普遍字口锋芒毕露，有些变味儿。"但是郭先生仍
然觉得"陶子麟书坊的写刻或许未称完美，但他们的技术不至于差到每

刻一书必走样的地步"。

问题出在哪里呢？郭先生认为就是写手饶星舫的问题。饶星舫在写样时并非完全遵照底本，他融入了自己的书写风格。既然饶星舫写成了那样的面目，陶子麟或其手下刻工越是忠于写样的原貌，就越会与底本有偏差。但是毕竟能看到宋本原本的人很少，如果不将原本与陶氏影刻本相比较，人们很难发现它们之间的区别。所以在市场上，饶写陶刻的印本极受大家欢迎，就如吴昌绶在给缪荃孙的信中说："陶子麟所刻太标致，已成一派。"

虽然有着批评的声音，但丝毫不影响陶子麟与饶星舫的生意，比如1918年1月18日，王国维在给罗振玉的信中写道："哈园刻书事，饶星舫只认每年四十万字，若后年可以增加，且每种大小总算，千字须五元九角，殊太昂贵……"（刘寅生、袁英光编《王国维全集·书信》）

饶星舫不但写样价格高于他人，同时还限量收活，可见他的写样工作根本干不过来。当然摹刻古籍本来就不是件容易的事，叶德辉在《书林余话》中说："古书形式易得，气韵难具。诸家刻意求工，所谓精美有余，古拙终有不及。由于书法一朝有一朝之风气，刻匠一时有一时之习尚。譬之于文，扬雄之拟经；于诗，束皙之补亡。貌非不似，神则离矣。"为此，郭立暄评价说："每个时代都有自己的时尚书风，写手、刻工多少会受到这种书风的影响，并在临过、刊刻过程中，自觉不自觉地将其带进雕版印刷品中。陶刻《大戴礼记》就是典型的例子。清末民初练习书法者多从临写唐碑入手，陶刻《大戴礼记》或许是由一熟习唐碑的写手来写样，他摹仿的明明是赵体字，写出来却有当时流行的唐楷意味。"

陶子麟和饶星舫为何把字体写成了另一种面目，江凌在《清末民初武昌陶子麟书坊刻书业考略》一文中给出了其他原因："陶氏继承宋体字的基本要素,在写刻实践中探索改进宋体字型,使宋体字变得更美观。同时,以瘦长的宋体字写刻,还可以节约版材,降低坊肆成本。因而,陶子麟为学者、文人刻书,以软体字和宋体闻名于世,便在情理之中了。"

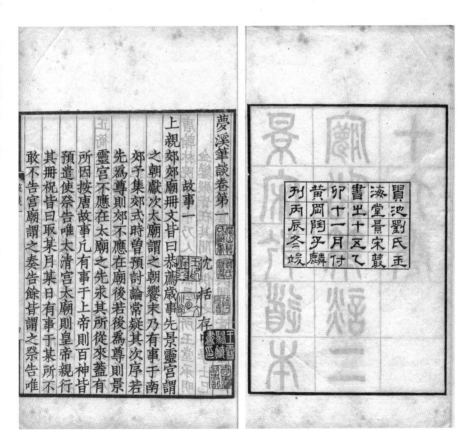

图五 《梦溪笔谈》卷首及牌记,陶子麟为刘世珩所刻书

图六 《暖红室汇刻传奇》本《白兔记》插图，陶子麟为刘世珩所刻书

图七　陶子麟刻《西厢记》插图

　　江凌在文中还提到陶子麟曾刻过字模，"民国四年（1915），商务印书馆聘请陶子麟镌刻'古体活字'，陶氏用《玉篇》的字体，以照相方法直刻铅坯，历经数年，刻成一号及三号古体铅活字各一副，为汉文铅活字排印技术的改进做出了重要贡献"。

　　陶子麟于 1928 年病逝于武昌，终年 71 岁，他的故去当然是藏书界的一大损失。陶子麟生前给藏书家刘世珩刻书数量最多、时间也最长，尤其那部《暖红室汇刻传奇》就有几十种之多。陶子麟去世后，刘世珩为他写的挽联是："陶椠常与天地在，高技共浴日月光。"

吴镜渊

挽狂澜于既倒

在民国出版业，能与商务印书馆相颉颃者，唯有中华书局。中华书局的创办人是陆费逵，他原本也在商务印书馆工作，后来另立门户创办了中华书局。中华书局迅速壮大，然扩张过快，为企业的发展埋下了隐患。到1917年，中华书局发生了重大经济危机，因为这一年是民国六年（1917），故这件事被业界称为"民六危机"。

为了扭转颓局，陆费逵及其公司股东经过多方筹措，终于使得中华书局再次腾飞。在此危机中有多人出手鼎力相助，其中起到关键作用的人物就是吴镜渊。

陆费逵出生于陕西汉中，其父在直隶等地做过幕僚，其母亲是李鸿章的侄女，故陆费逵在小时就受到了良好的教育。光绪三十年（1904），陆费逵在武昌跟黄镇磐等人合伙创办了新学界书店，陆自任经理。后因写文章倡导新思想，他所主笔的报刊被查封，陆费逵逃往上海。在上海期间，他到昌明公司支店做经理，仍然是经营图书销售业。光绪三十四年（1908），在高梦旦的推荐下，陆费逵进入商务印书馆任职国文部编辑，转年升任出版部部长。

宣统三年（1911），陆费逵预感到天下即将大变，于是辞职离开商务印书馆，创办了中华书局。吴永贵所著《民国出版史》中称："作为日知会会员的陆费逵预感到一个崭新的时代即将来临，正是自己创业的大好机会，于是秘密组织同志，提前编写适合未来中华民国政体的教科书。当陆费逵的预感不久真成为现实之时，他事先量身定做的《中华教科书》也就到了成功之日。当时作为全国最大教科书出版供应商的商务印书馆，原先编写的那些教科书，因内容反映帝制而显得大为陈旧过时，情急之下的商务印书馆尽管没有坐以待毙，积极地进行亡羊补牢，但无论是挖改修补，还是另编重排，都不是短时间所能奏功。于是在这段无可奈何的时间差中，商务的大片教科书市场被新起的中华书局所挤占。"

中华书局在短期内就能够发展壮大，这跟陆费逵的前瞻眼光有很大关系，温云荣、周胜标等著的《中国老赢家秘籍》中也讲到了这个问题："1911 年初，中国已处在革命风暴前夕。眼见革命形势飞速发展，陆费逵加快了编辑新教科书的步伐。自然，此项工作乃处在极度保密之中，因为如被清政府得知，是要遭杀身之祸的。但为了保证新教科书能在时机成熟时立即出版发行，陆费逵只得在暗中与'商务'中的几个知心好友沈知方、戴克敦，陈寅等计划策划，并筹措资本，准备自行建立出版机构。"

　　初创时期的中华书局其实规模很小,《秘籍》中写道:"中华书局系合资企业,最初只经营出版业务。创办伊始,资金少、规模小,办事人员总共不过 10 余人,工作条件非常艰苦。然而在陆费逵的心中,对它却充满了希望。这时,陆费逵提出了'教科书革命'和'完全由华商自办'两个口号,并在 1912 年春季开学前发行了两套《新学制教科书》和《新编国民教育教科书》。由于'中华'的教科书体例新颖,卷首还刊有南京临时政府的五色国旗,因此,深受广大学校和家长的欢迎。"

　　中华书局编辑部所编的《回忆中华书局》一书中有吴铁声所撰《解放前中华书局琐记》一文,该文中也称:"当时筹备匆促,书局虽然挂上招牌,正式营业是在二月间。创办人陆费逵、陈协恭等也没有预计到书局后来的迅速发展。"而后文章引用了陆费逵在《中华书局二十年之回顾》中的所言:"中华书局草创之时,以少数资本,少数人力,冒昧经营,初未计及其将来如何。开业之后,各省函电纷驰,门前顾客坐索,供不应求,左支右绌,应付之难,机会之失,殆非语言所能形容。营业之基础立于是;然大势所迫,不容以小规模自画矣。于是改公司,添资本,广设分局,自办印刷,二年,范君静生来长编辑,努力改良,充实内容,新制、新式教科书之优良,八大杂志之风行,《中华大字典》之为空前良著,洵可谓盛极一时矣!"

　　陆费逵先人一步编出了适合新时代的教科书,使得刚刚成立不久的中华书局在短时间内声名鹊起。故吴永贵在专著中称:"中华书局的崛起,打破了商务印书馆在清末出版物市场上,尤其是教科书出版上渐成垄断的势头。出版领域从一家的一枝独秀,发展到两家的分庭抗礼,意味着近代出版业激烈竞争机制的正式形成。中国的出版格局之一变。"

　　迅速崛起的中华书局开始加速度扩张，几次搬迁后，经营规模迅速扩大，到 1916 年 8 月，总局盖起新的办公大楼。钱炳寰所编《中华书局大事纪要》中称："新厦在四马路棋盘街转角（今河南路福州路口），南邻商务印书馆，五层楼洋房共百余间，沿马路店面十余间，屋高七十英尺，在四马路河南路一带为第一高楼，购地建筑之费约二十余万元，其中地价及费用为八万六千七百两。"

　　此时的中华书局已经有了上百位编辑员、八百多位办事员、两千多名职工，同时在全国各地建有四十处分店。除了内陆地区的重要城市外，在中国香港、新加坡也设有分店。如此飞速的扩张步伐，给企业的发展埋下了隐患。在 1916 年当年，公司的营运就发生了问题，钱炳寰在《中华书局大事纪要》中写道："是年营业不佳，总额近一百十余万元，较之上年一百六十余万减少三成。账面盈余二万余元，如将新增财产照旧减折，则将亏损十四万余元。其原因，一面受时局影响，护国军兴兼以地方不靖，西南诸省分局有停业半年之久者；其次厂店迁移，工厂停工两月，上海店亦停业半月，损失甚巨，而搬迁开办等费三万有余；第二栈房失慎，影响货物供应，是皆减少收入增加支出之诸种缘由。两年来购地建屋及添置机械、扩充编辑等费至八十余万元，尚未全食其利。原有资本仅一百万元，故吸收存款连应付利息达一百二十万，财政状况极为不佳。"

　　关于 1916 年的状况，吴铁声在文中也谈到了这个问题："中华书局因发行教科书获得利润，业务迅速开展，1913 年，在国内重要城市开始设立分局，至 1916 年，有分支局四十处，总分局职工二千余人。为自办印刷，在上海静安寺路（今南京西路）租得厂基，总厂于 1916 年夏落成；

又在上海棋盘街（今福州路河南路转角）新建五层大楼的总店，旁边就是商务印书馆。文明书局又在商务印书馆隔壁。这期间中华因投入大量资金建筑厂店及添置机器，又以同业中伤，存户纷纷提款，以致经济上周转不灵……"

然而真正的危机到 1917 年也就是民国六年方显现，该文中又简述："至 1917 年，书局几濒于倒闭。据说当时债权人在发行所收银处坐索债款，陆费伯鸿以债务关系被控告扣押，后由史量才保释。董事会推史任局长。史量才想接办中华书局，为书局垫款，以文明及中华图版作抵押，放在申报馆楼上。史量才于 1917 年 4 月任局长，终以衡量资产负债情况，感到棘手，于同年 6 月辞职，只当了两个月的局长。1917 年 7 月，书局曾一度出租与新华公司，至 11 月又回收自办。陆费伯鸿与商务印书馆谈判合并，以商务内部意见不一致又没有成功。"

出现"民六危机"的原因，当然跟陆费逵的经营思路有直接关系。邱志华所著的《裂缝与夹缝——中国近代企业家的生存智慧》中讲到了陆费逵在用人上的精挑细选，同时也夸赞陆费逵在经营方略上的煞费苦心，"他强调作者是书局的衣食父母，首先要保护他们的利益。他以优厚待遇聘请知名人士任编辑。对顾客和读者，陆费逵注重信誉至上。凡售出书籍，读者如发现有缺页、白页、倒装等现象，即使书本已破旧，仍可退换。中华书局的书栈，有一套存书卡片，好销的书，不待售完就再版，一旦售缺就赶印，所以读者要购的书，决无脱销之事"。

但金无足赤，该书中又写道："然而，一个人的优点和缺点往往是互相联系着的。陆费逵的敢于挑战表现于经营管理上既是优点也是缺点。作为优点，往往能用常人没有的胆魄以新制胜；作为缺点，往往因过于冒险而失足。中华书局1917年的危机就表明了这一点。当时，中华书局在五年工夫里已增资为160万元，新的印刷厂和五层大楼的总店先后落成。到1917年上半年，营业额超过100万元。陆费逵为了尽快将资本总额增至200万元，以与商务印书馆相等，作了非常冒险的决策，即将企业全部资本用于添置固定资产，依靠吸收股东存款和银行押款作为周转资金，而吸收股东存款的办法，以高于银钱业利息为号召。恰在此时，中华书局的一位副经理挪用公款投机失败，资金周转不灵。存户闻讯挤兑，债务云集。"

中华书局发生"民六危机"其实有着多方面的原因，同行间的价格战也是原因之一。吴铁声在文中写道："1917年上半年，营业额超过一百万元，以当时物价计算，这个数字是相当可观的。但因同业竞争剧烈，并不实惠。如当时商务印书馆以雄厚实力，书籍跌价倾销，购书加赠书券，售价几不敷成本。新生的中华书局无可奈何，只得照商务的办法推销书籍。商务董事高××有云：'这样竞争，不是两败俱伤，而是两败俱亡。'"

中华书局的经营危机在社会上引起了恐慌，因该公司是股份制，很多人闻讯纷纷前来提款，使得中华书局的财务状况雪上加霜。钱炳寰在文中写道："出现存户提取存款风潮，流动资金短缺，形成严重的经济危机。其时同业中谣传很多，有谓中华股本已亏折将半，拟盘与商务；有谓中华即将倒闭，不得已而与商务合并。于是存户纷纷提存，数日之内达八九万元。先是，于5月9日董事会开会时，作过存户提存的准备，各董事担定之数有：唐绍仪二万两，蒋汝藻三万两，廉泉、朱幼宏各一万两。"

　　紧要关头，中华书局的几位重要股东纷纷出资应对取款潮，但严重的亏损状况还是让股东们无法应付，这种情况延续下去，使得中华书局濒临倒闭。陆费逵产生了与商务印书馆合并的想法，钱炳寰在文中说，其实在此事发生之前两家就有合并的意愿，只是危机的来临，促使陆费逵更加想通过合并来度过危机，"中华书局开办之初，以编印中小学教科书为主，成为商务印书馆的主要对手，彼此竞争日益激烈。两家因宣传推广、批发折扣、同行回佣等开支损失巨大，每年减收各在30万元以上，难以为继，于是有联合或合并之议。1914年协议未成，1916年中华书局又曾向商务印书馆试探；1917年中华书局资金周转失灵行将搁浅之际，两家乃正式进行协商。从3月至5月间，几乎天天商议，在《张元济日记》中有充分反映"。

　　1917年3月19日，张元济在日记中记载了两家商议合并之事。3月27日，张元济在日记中又写道："余将联合关系各事缮成五件，先示高、李、鲍，再示张、王。开会时送公阅，多不赞成，主张再忍。余言，余偏重联合，因数年来所受痛苦太甚，实办不下去。末后作为悬案。"

　　商务印书馆召开了董事会商讨合并之事，主要股东均提出反对意见，然张元济是实际负责经营者，他认为合并会减少恶性竞争，故其主张联合。接下来他又跟中华书局的人多次商讨相应的方案，但最终还是未能谈成。张元济在当年5月14日的日记中写道："中华又送来股东名簿，昨日先送来三年份（1914）本版中小学销数表等。仙华、伯恒来，对合并事大加反对。仙华言甚激烈，余逐层剖析，仙华言如此并无不可。又带来傅沅叔、王君九等信，均不赞成。午后，开特别董事会，以'中央政局变动'，不如停议。余与翰嘱伯鸿、仰先至一家春晤谈，告以停议。"

商务印书馆的股东们大多反对两家合并，包括傅增湘等也不赞成此事，两家合并之事只能告吹。但中华书局的经营险况如何扭转，陆费逵等重要股东们一筹莫展。1917 年 6 月 16 日中华书局召开了第七次股东常会，此会公推唐绍仪为临时主席。陆费逵在会上报告了公司经营的困难状况，"经济困难已达极点，现已不能支持。果属何故？虽因蜚语四起，存款纷提，而办理不善，措置不当，实无可辞。当此存亡呼吸之时，究应如何补救，尚希各股东从长计议"。

面对这种困境，陆费逵多方筹措，同时引咎辞职。周彦文等合著的《突破逆境——创业知命的民族资本家》中写道："在这种十分困难的情况下，陆费逵没有气馁，他运用各种手段试图扭转乾坤。一方面广交财界朋友，筹集资金。例如常州巨商吴镜渊、山西商人孔祥熙等被陆费逵网罗进董事会，加强了书局与金融界的联系，获得大量资金，逐渐使书局恢复了元气；另一方面，陆费逵敢于引咎自责，不再担任总经理职务，但以司理名义仍然全权负责业务。他认真总结教训，改进经营方式，采取'先行巩固，徐图发展，量力而行'的方针。"

在困难时候，向中华书局伸出援手者有吴镜渊、孔祥熙等人，从各种资料来看，吴镜渊在这关键时候给予中华书局的支持更大。张连红、严海建主编的《民国财经巨擘百人传》中写道："中华书局因扩充太快，与商务印书馆的竞争又十分激烈，加之副经理沈知方挪用公款投机失败，以致资金周转不灵，1917 年 6 月几至停业。嗣后，经多方设法，陆费逵得到常州大资本家吴镜渊的投资，改组董事会，以吴镜渊任驻局办事董事，于右任、孔祥熙、康心如等 11 人为董事。陆费逵被董事会撤去局长职务，但仍责成其司理业务。他接受这次挫折的教训，采取'先行巩固，徐图发展，量力而行'的方针，以休养生息、恢复元气为主，除了保留《大中华》杂志外，其他期刊相继停办。1919年到1921年，中华书局经过扩充设备，业务重获发展。陆费逵担任总经理，兼编译所所长。"

关于吴镜渊对中华书局做出的贡献，《裂缝与夹缝——中国近代企业家的生存智慧》一书中也有提及："1917年6月，中华书局几乎濒于停业。后来，陆费逵经多方面努力，终于从常州巨商吴镜渊那里获得10万元借款，营业才算勉强恢复起来。他又改组董事会，网罗金融界人士任董事，加强中华书局与金融界的联系，并形成了以吴镜渊代表董事会对企业进行监督、审查的制度，以保证经济上的平稳。董事会改组后，陆费逵引咎辞去总经理职务，以司理名义主持工作。"

吴镜渊对中华书局的贡献不仅是资金上的支持，在抗战期间，中华书局总部迁往昆明，吴镜渊留在上海继续维持中华书局的营运。"1937年抗日战争爆发后，陆费逵将中华书局总局迁往昆明，并在同年11月离沪赴香港。他在香港设立中华书局办事处，主持香港分局、分厂及南方各分局的业务。留在上海的分局，则由吴镜渊借用美商永宁公司的名义，继续维持。他在国民政府迁重庆后，两度被聘为国民参政会委员。"

吴镜渊是什么人，他何以能在关键时刻支撑中华书局的生存，又何以成为中华书局的经营管理者？胡维革主编的《中国传统文化荟要》中有这样一段话："在中华书局的创办和发展过程中，聘请、锻炼和培养了一批相当出色的经营管理人才和编辑业务人才。这些人员中除了创办人陆费逵之外，比较著名的还有戴克敦（懋哉）、陈寅（协恭）、沈颐（朵山）、姚汉章（作霖）、丁辅之、吴镜渊、沈知方（原名芝芳）、高时显、范源濂（静生）、舒新城（又名玉山）、张相、金兆梓、俞复、唐驼、戴劼哉、李叔明、吴叔同、郭农山、沈鲁玉、李墨飞、薛季安等。他们或是出版家兼教育家和社会活动家；或者是学有专长的专家学者；或者是有才干的经营管理人。"此段话中提到了沈颐和吴镜渊，正是因为沈颐的引见，才使得吴镜渊进入了中华书局的管理层。

吴镜渊的孙子吴中写过一篇《我所知道的"维华银团"》，此文中也谈到了中华书局的"民六危机"窘况，"当时，书业中以发行教科书的利润较高，同业间勾心斗角，竞争甚烈。1917 年 5 月陆费逵复股东周静函称：'双方感到竞争之困难，不如联合为方便，可以省却竞争上的耗费。'本来与商务印书馆联合经营的办法，对双方的发展都是有利的。但因商务印书馆内部意见不一致，谈判未成。其时同业中谣言很多，有谓中华书局股本亏折已将半数，拟盘与商务；有谓中华书局即将倒闭，不得已而出此。存户闻风，纷纷提取存款，数日之内，达八九万元，于是经济上周转困难，几至停闭。当时股东查账代表打开保险箱时，发现库存空虚"。

此时，中华书局的沈颐遇到了吴镜渊，意外得到了雪中送炭的资金。"在这样的窘迫情况下，上海金融界有谁肯来贷款呢？正如陆费逵在致银行及存户的信中说：'盖一经破产，拍卖之价，尚不敷还债。'在此困难之时，中华书局编辑沈颐，好容易为书局找到了垫款人。沈颐字朵山，是中华书局创办时的董事，常州人，到中华编辑所任职前，在常州地方从事教育工作有年，与吴镜渊、吴镜仪兄弟相交有素。乘吴氏兄弟来沪参加盛宣怀丧礼的机会，邀请他们与陆费逵会面，磋商垫款事宜。吴氏鉴于书局与文化教育事业有密切关系，遂同意出资维持。乃约同常州地方士绅刘叔裴等组成维华银团，筹集资金作为垫款，据说为 10 万元。"

对于此事，钱炳寰在《中华书局大事纪要》中同样有载："与维华银团正式签订三年期贷款造货合同。该团团本十二万元，先集六万。在此之前，董事会屡次议及组织银团垫款造货问题，认为在流动资金困难情况下，此举实为急务，四月间就议定了招人垫本印行新书合同的条件。陆费逵7月17日函孔祥熙，告以组成维华银团情况，并已为孔留出五千元。函中所述参加者，有吴镜渊、殷侣樵、徐可亭、俞复、陆费逵、陈寅、黄毅之、戴克敦、汪幼安等。以吴、殷任监察，汪为主任，徐管财政。出资最多者吴镜渊一万八千元，次殷侣樵一万元，其余数千元不等。此项贷款造货，先已在5月间开始。"

可见私人出资最多者就是吴镜渊。但维华银团所筹的这些款项只是暂时解决公司的一些资金问题，从本质上讲，中华书局并没有渡过危机。之后，中华书局经过核算对外承租，几个月后又解除租约收回自办。在这么短的时间内能够收回企业的自主权，这当然跟各位股东的鼎力支持有重要关系。吴镜渊也从借款人变成了中华书局的股东，最后又进入中华书局工作，成为该局的财务负责人。

吴中在文中写道："接着在1917年11月间，解除与新华公司出租契约，收回自办，理由是承租人欠付租金而解约。可见中华书局自5月间的提存风潮危机至11月间收回自办，其周转资金不是依靠租金，而是大股东的垫款。其所以对外界宣称出租，目的是为了应付债权人。吴镜渊以垫款人的身份进驻中华，在第七届股东会上，吴镜渊被推选为股东查账代表，清理账目，掌握了财政大权。陆费逵要支付款项，都要取得吴氏的同意。例如1917年7月5日，陆费逵致吴镜渊、黄毅之函，其中提到学校等存款，要提前摊还，希望能稍予通融。1918年9月常州士绅将其一部分资金继续投资中华，双方订有合约。据合约所载，其垫款总额为银元12万元，先集半数6万元。出资人吴镜渊18000元，殷侣樵、徐可亭、汪幼安、俞仲还、孔庸之、陆费逵等九人42000元。该银团监察吴镜渊、殷侣樵，主任汪幼安，财政徐可亭。维华银团借款至1921年9月7日期满，到期后又续约三年。"

吴镜渊原本是常州著名的实业家，主要经营纺织业，1927年与刘国钧、刘靖基等人共同创办了武进商业银行股份有限公司，以此银行的资金支持民族工业的发展。刘国钧等人由此而被称为民族资本家，有人誉其为"一代中国民族工业骄子"。后来刘还当上了江苏省副省长和江苏省政协副主席。刘国钧在1930年前合并了多家纺织企业，而后建成大成纺织印染股份有限公司。直到1937年，该公司的注册资本从50万元增至400万元，8年时间翻了八倍，因此被经济学家马寅初夸赞："据统计，像大成公司这样8年增加八倍的速度，在民族工商业中，实是一个罕见的奇迹。"

大成公司的协理是刘靖基，从辈分上来说，刘靖基长刘国钧一辈，因此刘国钧称其为靖叔。在经营方面，刘靖基是刘国钧的得力助手。关于刘靖基与吴镜渊的关系，卜鉴民主编的《苏州民族工商业百年往事》中称："刘靖基的精明能干、擅长经营，受到纺织业人士的一致好评，被常州籍实业家、上海中华书局大股东吴镜渊相中，将女儿吴舜琴许配给他，因此他也被称为'被岳父吴镜渊相中的女婿'。"

原来刘靖基乃是吴镜渊的女婿。刘靖基也是著名的实业家，后来当上了全国政协副主席。对于吴镜渊的情况，《苏州民族工商业往事》中写道："刘靖基的岳父吴镜渊是当时赫赫有名的人物，江苏武进县人，清末时曾为湖南候补知县，民国初年创办纺织厂，成为上海知名常州纺织工业实业家、资本家，为中华书局创办人之一。"这段话直接称吴镜渊是中华书局的创办人之一，这种说法显然有误。吴镜渊在中华书局最困难的时期出资相助，一者说明他有相应的经济实力，二者说明他有前瞻眼光，而此后中华书局的运作情况也证明了吴镜渊的确在财务管理方面有超人之处。

夏慧夷所著《近代浙江出版家群体研究》中也提到了吴镜渊，对其有如下简述："此时，中华书局董事沈朵山想到了常州著名绅商吴镜渊。吴镜渊是清末秀才，晚清时曾任湖南慈利县知县。他善于理财，在汉冶萍煤矿查财案中博得美誉。民国后从事工商业，曾任大成纺织染厂、安达纺织厂常务董事、董事长等职。吴氏对地方公益事业亦很热心，曾任常州贫儿院院长，教养兼施，成才甚众。"

初入中华书局的吴镜渊首先任该公司的监察。他首先清查了中华书局现有的资产，而后写出了《调查公司现状报告书》，这份报告首先讲述了公司发生危机的三个原因："据以前之报告，不外欧战方殷，原料昂贵，国内多故，金融恐慌，局长去年卧病三月，副局长去年亏空累万。凡此诚足致病之由，然皆外感而非致命之原因也。致命之因有三：进行无计划为其第一原因，吸收存款太多为其第二原因，开支太大为其第三原因。有此三因，即无时局影响、人事变迁，失败亦均不免。"

按照以往的经营报告所言，中华书局出现危机的原因，一是因为第一次世界大战使得印刷原料飞涨，二是因为国内市场的变故导致了金融恐慌，第三则是陆费逵因病休假三个月，而副局长沈知方因个人经营发生危机，连累到了中华书局。

关于沈知方出现危机的原因，夏慧夷在文中称："据曾在世界书局任职的朱联保回忆，沈知方在中华书局担任副经理时，负责营业和进货。当时沈知方曾以其'大刀阔斧的工作作风'，为中华书局托美商茂生洋行向国外定了纸张，他自己亦定了若干。不料第一次世界大战爆发，纸张囤积而导致价格暴跌，中华书局损失惨重。而沈也因此遭洋行索款进而被起诉，他曾变卖家产，但远不足以偿债。"

吴镜渊认为以上三个都是公司发生危机的重要原因，但这都是外部原因，继而他指出三个公司内部的原因，认为内部原因更重要。他在报告中指出了中华书局所存在的弊端，"进行无计划，其最著者有四：编辑进行太骤，现存各稿非二三年不能出完，稿费不下十万；次为印刷机械太多，地基过大。现在机械之力可出码洋六七百万元之书，夜工开足可达千万，现用不及半。地基空者不下二十亩，废置不用反赔利息捐租。次为分局开设太滥，竟有未设分局之前年可批发万元，一设分局反不过汇沪数千元者，其故由于僻地营业不易扩充，分局开支又不节省。次为计划过于久大，不顾自己实力，前三项固属此病，而建筑过于宏壮坚固，搁本实甚。此外，培植人才，派遣留学，虽为应办之事，而耗费抑已多矣。两年以来布置进行，颇费苦心，然甫经就绪而大命以倾。此不能为前此当局者恕，又不能不为之叹惜者也。吸收存款太多之病……"。

以上所谈是厂区建设及人才培养问题。对于现金存款及员工心理，吴镜渊接着说道："盖书业财产不能于咄嗟之间变为现金，存款来时，业已用诸购地建屋、编辑出版诸途，则不能不畏提取。因畏提取，则出四病：职员之当裁者，因有存款关系，不惟不敢去之，反须加以敷衍；机关之当并、分局之可歇者，因恐损体面而受影响，于是初则优容，继则跋扈，终且不可收拾；其尤甚者，赔累之营业不敢不照旧支撑，无用之器械货物不敢廉价售去，搁置愈多，愈畏提现；而存户要求加息不敢不允。漏卮日甚，现金日少，欲不搁浅不可得矣。开支之大，每月薪水至一万元，债息一万元，伙食杂用告白推广又一万元。开支均现款，财产增加均非现款，故结果财产日增，现款日少……若不减缩支出而欲其不失败，难矣。"

对于公司财务危机的原因，作为局长的陆费逵也做了自我检讨，他在《中华书局二十年之回顾》一文中写道："第一由于预算不精密，而此不精密之预算，复因内战之减少收入，因欧战而增加支出。二由于同业竞争猛烈，售价几不敷成本。三则副局长某君个人破产，公私均受其累。"

这里说的某副局长就是沈知方。除了这些原因外，陆费逵在《我为什么献身书业？》中讲到了自身管理上的弊端也是产生危机的原因，"民国六年的风潮闹得几乎不了，原因很复杂，就我本身想起来，有三种缺点：第一经济缺乏，没有应变的财力；第二经验不足，没有预防的眼光和处变的方法；第三能力不足，没有指挥全局的手腕"。

到了1919年，中华书局召开了第九次股东会，董事由11人改为9人，同时将原设的正副局长改为总经理一名，吴镜渊当选为9位董事之一。当年12月16日，董事会选举俞复、吴镜渊为驻局董事，原本辞去局长一职的陆费逵改任总经理。此次董事会又将监察处改为稽核部，此部由吴镜渊任主任。

吴镜渊在此任上认真管理中华书局的财务及资产，吴中写道："后来又于监察之下设立稽核处，由吴镜渊任主任，其下分设核算员、稽核员，对于总分店和各分局严加稽核各部账目，并订立奖励办法，例如稽核账目或稽核货物款项，发现弊端，查实追获者，照追获之数提出一成奖励。有了健全的制度，还必须有认真和严肃对待的工作作风。老年职员高念修，是吴镜渊早年在家乡教馆时的学生，他在中华工作数十年之久，曾任董事会秘书。他说：'其时吴氏已年近古稀，我每将账目上呈他审批的时候，从不轻易放过，每笔都要用算盘——亲加复核。'最近中华书局同人为纪念书局成立 70 周年征文，在座谈会上还有人提到已故发行所所长薛季安所说的话：'吴老先生到中华后，办事严明细致，确实使人钦佩。大事不用说，就是连一只痰盂都要编号入册，有专人负责管理。'他的这种精打细算，一丝不苟的精神，至今还为人所称道。"

此后吴镜渊一直在中华书局任职，后来中华书局在经营中也发生过危机，他依然能够维持局面。丁希宇在《1927 年中华书局的劳资纠纷》一文中谈到了当时的罢工潮："1927 年 3 月 26 日，中华书局总店职工会向公司董事会提出申请，要求增加工资，改良待遇。董事会未予重视，到期拒绝谈判。总店职工于 4 月 4 日全体罢工。5 日，职工会召集编辑所、总办事处印刷所、总店及支店文明书局举行联席会议，商讨对付方案。6 日，总办事处和编辑所正式参加罢工行列，发行所日后也加入其中。"

此事越闹越大，以致在当年的 7 月 3 日，上海各大报纸同时刊登了《中华书局紧要启事》，宣布自本日起该局暂停营业。面对此况，丁希宇在文中写道："董事会决定，公推董事孔祥熙、吴镜渊、监察徐可亭为善后委员。先将总厂、总店停业。"

在吴镜渊等人的主持下，中华书局的危机再次得以化解。正是因为历年来吴镜渊做出的贡献，书局给他发了个大奖牌，吴中在文中称："后来中华书局董事会为了纪念吴氏在中华发生危机时，毅然集资出而维持，在既告稳定之后，改进了企业管理制度，使企业得以稳步前进，后来才能进一步发展，曾特制了一个二十余寸的大银盾，上刻'扶危定倾'四个大字，赠送给吴镜渊先生，说明吴氏与中华书局的关系，以留纪念。"

吴镜渊故居位于上海市徐汇区长乐路662号。2018年11月4日下午两点我在上海图书馆有一场讲座，当天上午特意安排出时间去探访吴镜渊故居。上海文艺出版社的陈诗悦先生和刘晶晶老师带我前往此处，来

图一　吴镜渊旧居

图二　任堇题"退耕小筑"

到长乐路口找到了 600 弄。此处无法停车，于是陈诗悦到附近找停车场，我跟刘晶晶先走入此巷。

这条小巷长约一百米，左侧是新建的楼房，右侧是上海特有的老房子。以我的理解，这应当就是人们常说的石库门。沿着小巷走到尽头，看到了 622 号。这是一个小院落，院门敞开着，于是我走入其中。

这个院落占地三四亩大小，前面是花园。长乐路乃是上海的繁华区域，能有这样的院落可谓是闹中取静。院落的后方则是一座西式的旧式小洋楼，门楣上嵌着一块石条，上刻"退耕小筑"字样，而这正是吴镜渊的堂号。堂号的书写人是任堇，任堇乃是海派重要画家任伯年的儿子。

我们先在花园内探看一番，如今这个花园的一大半面积铺上了马路砖，除了那棵大树透着岁月，已看不出当年花园的格局。此时有一位大妈望了我们两眼，没有吭声就走回了房内，看来她是这里的现住户，对于我来拍照见怪不怪，这也说明之前有多人来此处寻访过吴镜渊旧居。

　　既然此楼的前面有住户在不便入内打扰，于是我们转到了楼后。楼后的门敞开着，走入其中，原来后方有登楼的木梯。从木梯的磨损程度看，此为当年原物。每节楼梯都加了铁踏板，看上去也是旧物，而楼梯的中间已有人做了支撑。于是沿着楼梯登上二楼，二楼的几间房都关闭着，不知是否为同一住户。但二楼的木地板却重新刷了漆，侧墙上还有一米多高的护板。其中有两间房的窗户加上了铁护栏，窗户上的玻璃却是特制的磨砂玻璃，这种磨砂方式与今日不同，应当是民国旧物。

　　回到一楼继续在院内探看，在楼后看到了堆放的建筑杂料，其中有些砖瓦上标着生产名及号码，我感觉这是当年建造此楼时从国外购进的

图三　楼内景象

图四　标有生产名称及号码的瓦片

建材。本想顺走一块作为纪念，但想一想下午有讲座，如果我拎着一块瓦片进入会场，估计很多听众会以为我今日的讲座要用实物来展示。想到这个滑稽场面，于是作罢。

拍照完旧居回到车上时，我跟陈诗悦先生谈到了砖瓦之事，他马上说："我可以先帮你放在车上呀！"他的这句话立即让我心生悔意。

印有模

执掌商务，引进外资

　　商务印书馆曾经是民国年间国内最大的印刷企业，然而创建之初，它只是合股制的小作坊，由于两个重要人物的加入，才奠定了此后的辉煌，这两人就是张元济和印有模。张元济在出版方向上使得商务印书馆有了宏大的格局，印有模则是从经营规模和效益角度使得该馆得以真正的腾飞。

　　关于印有模对商务印书馆的贡献，钱普齐在《印有模与商务印书馆》一文中首先称："我国发明使用活字印刷，迄今已有 800 年之久。在我国近代印刷技术发展史上，充分显示活字印刷之优势者，首先应归功于在我国最早采用纸型浇铅版印书的商务印书馆上海印刷厂，而引进采用纸型浇铅版印刷设备的是印有模先生。"

纸型的出现使得活字排版可以多次使用，这大大降低了排版所耗的工时，而对于纸型的概念，钱普齐在文中简述道："活字版制成纸型，亦称纸版，可保留印版再印刷。它是法国人谢罗（Claude Genoud）于1829年发明的。后介绍到日本，再由日本传到中国，其中介即修文印书局。在我国首先使用纸型浇铅版印书，是1900年从商务厂开始的，而对此曾作出贡献的其中就有印有模先生。"

活字排版的印刷方式一直延续到了20世纪90年代，在出现电脑排版之前，纸型印刷最为便捷。商务印书馆在那个时代就使用这种排版技术，而该技术正是印有模所引进的。但从整体而言，纸型的引进只是印有模为商务印书馆所做的小贡献之一。

从个人经历看，印有模原本并不从事印刷业，葛秋栋在《钟灵毓秀——嘉定近现代名人》一书中有《从普通实业家到出版巨子——印有模》一文，该文中简述道："光绪二十年（1894）年春天，印有模与吴麟书、周新伯合作在上海南京路开设源盛布号，印有模任经理。由于印有模经营得法，企业发展迅速，业务很快就超过了当时上海老牌商店日新盛布号。印有模在上海商界的地位也不断提升，被推选为上海纱布行业公所所长。为了更好地推动上海棉纺织业和其他工商业的发展，印有模又会同朱保三在南市发起组织上海商学会（后来更名为上海总商会），印有模与朱保三、虞洽卿被选为商会董事。"

印有模（字锡璋）原本是布商，因为经营得法，很快在上海站稳了脚跟，并且成为上海商界中有名号的人物。其实机遇对于经商者来说也很重要，熊月之主编的《稀见上海史志资料丛书1》中有《印锡璋分设纱厂》一文，文中称："盛杏荪设厂于上海纺织纱布，时人民习用土货，未畅行。嘉定印有模运同锡璋为之力任代售，并集资设公信棉纱号于太仓，我国之分设纱厂于各地实自此始。"

　　盛杏荪就是盛宣怀，是晚清时期数一数二的大商人。盛在上海创设织布厂，但当地人习惯用土布，对于洋布接受度有限。印有模抓住商机，帮助盛宣怀销售洋布，同时开设分厂也制作洋布，从而使得经营规模迅速扩大。由此可见，印有模有着敏锐的市场前瞻性。

　　印有模的经商天分应当来自家传，葛秋栋在文中讲道："清同治二年（1863），印有模出生于娄塘，其时父亲印志华已在上海经商，开设日新盛布店，印有模从小随父亲在日新盛棉布店学习经商……20 岁那年，他协助盛荔孙的上海纱布总公司分别在上海市区和嘉定开设了分公司，取名公信纱号。"

　　其实印有模的经营范围不仅是在布业，他还创办有多家企业，葛秋栋在文中称："印有模在考察回来后的几年里，很快就筹集了资金，连续创办了大有榨油公司、求新铁厂（上海求新造船厂前身）、中英药房、五洲药房、长安水火保险公司、中国实业公司、苏路公司等企业，还在常州开办了大成纱厂、安达纱厂等一系列民族工商业。"

　　因为开设的企业众多，为了管理上的需要，印有模跟创建不久的商务印书馆有了业务往来，因为他需要到这家小印刷厂印制各种商业表格。在业务往来中，他给予了这家小印刷厂资金帮助，又因为相互交往间的融洽，以及印有模的市场眼光，他后来又成为该印刷厂的股东。

　　关于这件事，冯世鑫编著的《古今名商致富术——炎黄经济强人记述》中有专文谈及，文中简述道："商务印书馆是我国近代新式出版业中历史最悠久、规模最大、影响最深远的出版机构。……短短十几年时间，商务印书馆从一家不为人注意的小企业发展为全国新式出版业中的最大企业，是跟近代史上两位著名人士所发挥的作用分不开的，一位是近代著名出版家张元济，一位是近代著名实业家印有模。"

关于印有模跟商务初期的业务往来，此文中又称："商务创办之初，印有模为了印刷广告、账册等事，与商务有了业务往来。其后，与印书馆老板夏瑞芳建立了很好的私交，往来更加密切。其间，商务印书馆发生资金短缺、周转不灵的困难时，印有模慷慨解囊，数次资助夏瑞芳。"

光绪二十三年（1897）二月，夏瑞芳、鲍咸恩、鲍咸昌、高凤池等人集资 3750 元创办了商务印书馆。在此之前，夏瑞芳和鲍咸昌、鲍咸恩妻舅三人原本都是上海英华书店的雇员，他们从英华书店辞职后，集资在家中弄堂口用脚踏圆盘印刷机印刷一些小件业务。当时该厂仅有两部手摇小印机、三部脚踏圆盘机和三部手扳压印机。范军所著《中国出版文化史论稿》中有《上海商务印书馆股东会述略》一文，文中称："虽是按股份计算资金，但它还只能说是合伙制的印刷作坊。"经过几年的经营，这家小印刷作坊并没有太大的起色，直到光绪二十七年（1901）张元济、印有模的入股，才在规模上有了小小的扩大。

商务印书馆最初的三位创始人原本是亲戚关系，随着张元济和印有模的加入，才使商务印书馆真正变成了股份制企业。范军在文中写道："1897 年 2 月商务由夏瑞芳（字粹芳）、鲍咸恩、鲍咸昌（字仲言）、高凤池（字翰卿）等集资 3750 元创办，每股 500 元。虽是按股份计算资金，但它还只能说是合伙制的印刷作坊。1901 年，商务决定扩大规模，添招新股，议定将原投资的资本每股照原数升 7 倍，另有印有模（字锡璋）、张元济（字菊生）入股。资本总额为 5 万元，改为股份有限公司。"

关于商务印书馆改为股份制以及增资的比例，汪家熔在《商务印书馆创业诸君》中有详细叙述，该文首先称："这次增资完成于1901年夏天，原有资本3750元，4年半中没有分过股息、红利，估值升值7倍为26250元，张、印两位投资23750元，共为5万元。这次增资，张元济为实现社会目的投资，使夏瑞芳组织编辑部扩大出书业务的希望得到了人才和资本的保障。印有模投资，促使了不久的中日合资。"

印有模的投资使得后来的印刷馆成为中日合资企业，他何以有这方面的关系呢？按照汪家熔在文中所写："印有模还是上海闸北的纱厂老板。19世纪，上海的批发布店都经营洋布，和欧美洋行交易。马关条约后，日资、日货大规模进入我国，印有模经营日本布，和日本人有往来。印和夏瑞芳也有往来。1900年商务以低价盘进日商在上海的修文书馆印刷器械就是印有模从中撮合。"

因为经营日本布，印有模跟一些日商有着较好的关系，汪家熔在文中称："印有模和三井洋行上海支店长山本条太郎有很深的个人经济合作关系：1902年2万锭子的上海兴泰纱厂倒闭，合资收购者以上海纺织股份有限公司名义在香港注册，董事4人为山本条太郎、霍拉西奥·罗伯特、印有模、吴麟书。1906年盛宣怀的大纯纱厂出盘，新主人将之改名三泰纺织品公司。'三泰'者，新主人有三位：山本条太郎、苏葆森、印有模（参阅樽本照雄：《商务印书馆与山本条太郎》，《清末小说》第2辑）。正是印有模和山本的这种关系，促使了商务的中日合资就不奇怪了。"

从企业角度而言，只有达到一定的经营规模，才能在市场上站稳脚跟，而雄厚的资金乃是企业扩大规模的先决条件。虽然有了张元济、印有模的加入，商务已经比创建之初扩大了十几倍，但此时的规模与其他的大企业相比，相差还是很远，故引进外资乃是扩大经营规模的捷径之一。范军在文中写道："1903 年，经印有模介绍，商务与日本金港堂主原亮三郎合资经营，正式组成股份有限公司。当年公司总股本 15 万元，其中日方股本 10 万元；到 1904 年底，总股本增至 20 万元，中、日持平。到 1913 年，商务的资本增加到 150 万元，其中日方股份下降到只占 1/4。"

日资的加入，使得商务印书馆迅速成为当时中国最大的印刷企业，但汪家熔认为，加入商务的日资不止原亮三郎一人，"1903 年农历十月初一日中日合资，股本计 20 万元。日方投资 10 万元，中方原有资产仍按 1901 年第一次增资时 5 万元不变，再增 5 万。中日合资有说是和金港堂合资。这样说不正确，是和金港堂大股东原亮三郎为中心的日本人合资"。汪家熔认为："10 万元日资已知不少于 3 位投资者：原亮三郎、山本条太郎、加藤驹二。"

而对于日资加入的情况，汪家熔在文中又称："1905 年农历 2 月商务两次增资，前一次老股有增资权，后一次还供有关人员，包括得力职员。前一次日本方面有：原亮一郎、山口俊太郎、利见合名会社、筱崎都香佐、益田太郎、益田夕夕、藤濑政次郎、铃木岛吉、神崎正助、丹羽义次、伊地知虎彦。后一次，日籍职员除长尾外，还有田边辉雄、小平元、木本胜太郎、原田民治。两共 19 位日本人成为新股东。"

日资的加入使得商务印书馆在经营方略上有了一定的变化，此后商务的出版物不再翻译日文的政治、社科类著作，而专以出版中小学教科书为主，同时也印刷一些畅销的翻译小说。此前的语言课本是由蒋维乔来编纂，合资之后，改由集体编纂，故股东中有多人熟悉编纂业务。他们在这些课本中加入插图，再加上印刷装订质量高于其他书局，很快就占领了市场。

关于商务印书馆的股份构成，范军在文中谈及："创立初的商务共7人，其中6人为亲戚关系。但从张元济、印有模入股，特别是与日本人建立合资股份公司以后，股东结构发生了明显的变化。自1905年后，商务多次增资。按照惯例，增资应先尽老股，老股取得的一定限额增资权可让给别人。但商务采取的策略是增资不先尽老股，不断扩大投资户数。股东中，有京城和外地与文化教育有关可以帮助商务推广生意的人，商务专门拿出一部分股份让他们认购。优秀的著译作者，允许他们以稿酬入股；公司部分员工中办事格外出力者，也可成为股东。商务资本大体上实行所谓大众股东即小股东制，也就是没有大股东，股东人数恒在1000人以上，20世纪30年代最初二三年更增加至2745户。也就是说，其中相当多股份持在商务员工手中（夏瑞芳、张元济、高凤池、王云五等人只是其中的一个普通股东），这样一种股东结构可以说带有股份合作制的特点。"

由此可见，商务印书馆是典型的股份制企业，而印有模的加入才是这种变化的起因。经过印有模的联络，又使得商务印书馆成为中日合资企业。故钱普齐在文中称："1903年，印有模又介绍日本著名出版单位金港堂的业主原亮三郎等投资商务，为商务引进了日本资金和技术。1903~1914年，商务中日合资11年，在资金、设备、技术、管理、人才诸方面得到了充实和加强，使商务成为我国首家综合经营编辑、出版、印刷、发行于一体的大型印书馆而驰名中外。"

日资的加入使得商务有了如此大的变化，对于其中之原因，汪家熔分析说，此前中国洋布市场主要是由英、美等国占有，中日甲午战争后签订的《马关条约》第六款规定日本取得了在华最惠国待遇，也就是取得了西方各国已取得的一切优惠政策。第六款第三、四两条还规定日货除免除进口关税外，还要豁免内地运送税、内地税、钞课和杂派，同时日本资本输出在华制造各货也全免上述各项税派。

因此，日本在中国的投资有着超过其他各国的优惠政策，经营日货的商家也能够获得颇为丰厚的利润。当时印有模经营的日本棉布，比经营的其他国家的棉布利润高出三倍，所以他跟日本一些商人的关系也颇为密切。

印有模与日本三井洋行上海支店长山本条太郎合资，开办了两座纺纱织布厂。山本条太郎是日本金港堂书店老板原亮三郎的女婿，长期住在香港，受岳父嘱托在上海寻找投资项目。印有模正是借助这层关系，将山本引入商务。

日资的加入，也包括技术引进，这使得商务印书馆迅速腾飞。1914年1月31日，商务董事会在非常股东大会上关于收回日本股份的报告中说："本公司创业于光绪二十三年，资本甚微。至光绪二十九年，有日商纠合资本来申开设书肆。本公司彼时编辑经验、印刷技术均甚幼稚，恐不能与外人相竞，乃与之合办。资本各居半数，即各得十万。并订明用人行政一归华人主持，所有日本股东均须遵守中国商律。资本既增，规模渐扩，利益与共，办事益力。自是以来，吾华人经验渐富，技术渐精。嗣后增加股份亦华人多而日人少。至民国二年，华人股份已居四分之三，日人股份仅得四分之一，即三千七百八十一股。日本股东对于公司毫无干涉，遇事亦无不协同维持。"

既然日资的介入对商务的业务拓展起到重大作用，那为什么后来商务印书馆又购回日本人的股权，使之成为完全的中资企业呢？对此事，上述报告中有如下解释："收回之说本属自扰。但同业竞争甚烈，恒以本公司外股为藉口，诋排甚力，公司因大受障碍。即如前清学部编成中学书，发商承印，独不与本公司，谓其有日本股之故。近来竞争愈烈。如江西则登载广告明肆攻击，湖南则有多数学界介绍华商自办某公司之图书，湖北则审查会以本馆有日本股，故扣其书不付审查。如此等事不一而足，此不过举其大概。每逢一次之抨击，办事人必费无数之疏通周旋，于精神上之苦痛不堪言喻。故由董事会议决，将日股收回。"

当时学部编纂出新式课本，之后分配给数家大的印刷厂来出版，却偏偏不给商务印书馆，原因就是商务有日资股份。不仅是学部，各地也都会以商务有日资为理由，对商务所出之书予以诘难。长期下来，不仅影响了员工的情绪，也使公司的业务大受影响，于是他们决定收回日本人所占的股份。

汪家熔在《商务印书馆史及其他》中讲到了当时的社会背景："在辛亥革命前后，日本侵华野心大暴露，国人反日情绪高涨。中日合资给商务的发展带来很多有利条件，但此时就有很多不方便。如1910年学部颁发的中学课本，就不让商务承印发行。辛亥后中华书局成立，竞争中日股的存在就变成一种被攻击的目标。商务的课本在江西、湖南、湖北三省明令不能进入，在其他地区所受攻击也很厉害，于竞争极不利。董事会（其时董事中已无日本人）决议将日股收回。当时日方持有股份共37.81万元，占总额的25.2%，经协议，除当年股息红利外，另加补贴共计8万元，作为资产估值低于实际以及招牌的信誉等补贴，收回日股日期为 1914 年 1 月 6 日。至此，商务印书馆又成为'完全华商'了，它的历史进入又一阶段。"

商务引进日资时，不但得到了资金保障，更重要的是也学到了一些新的印刷技术。高凤池在《本馆创业史》中称："自从与日人合股后，于印刷技术方面，确得到不少的帮助。关于照相落石、图版雕刻（铜版雕刻、黄杨木雕等）、五色彩印，日本都有技师派来传授。从此凡以前本馆所没有的，现在都有了。而且五彩石印，还是当时国内所无。诸位现在常常看见的月份牌，印得非常鲜艳精美，就是五彩石印，在中国要推我们是第一家制印。还有三色版是可以省工夫，在国内也可算是本馆的贡献。我已说过本馆和日人合资，原是一种权宜之计，一方面想利用外人学术传授印刷技艺，一方面藉外股以充实资本，为独立经营的基础。几年之中，果然印刷技术进步得很多，事业发展极速。"

可见彩色石印技术是日本技师传授给商务的，当时国内有此技术者仅商务一家，使得商务在与同业竞争中有了独门绝技，这方面的印刷业务均由商务一家来承印。当公司业务蒸蒸日上时，让日本人撤资想来不是件容易的事，夏瑞芳努力做工作，得到了日方的同意，报告中称："夏总经理去年十月亲往日本与日股东商议办法。日股东顾全大局，情愿将股本让渡，特派代表福间甲松君就沪商议。十一月间开始谈判交涉，至月余始行议定。"

日资的退出令商务各股东舒了一口气，但未成想商务在登报收回日资的当天，夏瑞芳却遇害了。"此项收回日股均系夏总经理苦心经营，乃得达此目的。不意大功告成，本公司可免去同业侵轧最为有力之一题目，朝登广告而夏总经理即于是夕在公司门首遇害。此诚公司最不幸事，想众股东闻之亦必恻然者也。"

1914年1月10日《申报》刊登了商务印书馆收回外资的消息，夏瑞芳在办公室看完了这张报纸，当他走出商务发行所准备回家时，刚走到门口就被人开枪击中，被众人送到仁济医院时业已身亡。这件事在上海引起很大震动，送葬当天有几千人前来，蔡元培为他立传。

夏瑞芳被杀的原因，与1913年的反袁二次革命有关，夏瑞芳所在的上海市总商会支持上海租界工部局将黄兴、孙文、陈其美等8人逐出租界。1914年1月10日，夏瑞芳因为曾经支持"驱逐讨袁军司令部"，被上海讨袁军总司令陈其美派人在上海暗杀身亡，享年43岁。对于这件事，张树年主编的《张元济年谱》中称："乃因先前出于维护商界利益，曾联合诸商抵制沪军都督陈英士驻兵闸北，陈嫉恨之，唆使人暗杀。"

商务印书馆收回日人股权乃是当时历史环境使然，但从经营发展来说，日资的加入对商务印书馆的迅速发展起到了重大作用，故汪家熔在《商务印书馆史及其他》一文中又写道："在受人欺凌的中国，商务印书馆和外资合作，没有损害国家利益。它自身从单一的铅印印刷厂，在10年中由于日方的帮助，发展为在印刷上拥有凸、平、凹各项设备和技术的全能厂。在出版方面，停止零碎的政法常识读物的出版而转向课本，贡献于教育，于社会，于企业的发展都是有利的。最后并不因此而受束缚，在很兴隆的时候把外资股权收回，很不简单。"

印有模加入商务后，首先建议要扩大经营场地。随着社会资金的加入，商务印书馆转到了上海四马路北头的华美药房旁边。药房老板钱翔孙是印有模的同乡，该药房在创办时也曾得到过印有模的资金帮助，这也是印书馆能够得到新址的原因。

商务印书馆总经理夏瑞芳被刺身亡后，印有模接替其职，冯世鑫在文中写道："夏瑞芳是商务印书馆的创始人之一，时任商务第一任总经理，对印书馆的事业兢兢业业，呕心沥血。不料，夏瑞芳突遭人暗杀。夏瑞芳的不幸，使印书馆一时进退失据，业务顿陷停顿。印书馆董事们一致认为印有模是理想的总经理人选，就任用印有模为总经理，印有模成为商务印书馆的第二任总经理。"

夏瑞芳去世后，众人公推印有模任商务印书馆总经理。在印有模任职期间，商务印书馆得到了更快的发展。然而由于商务所出之书已形成品牌，故出现了大量的盗版。为此，印有模给当时的司法总长章宗祥行文，要求制止盗版之事。此事得到了司法部的支持，于民国三年（1914）六月四日下发了"司法部饬第四十号"文，该文称：

为饬知事。五月十九日准农商部函开，据全国商会联合会呈称。据上海总商会议董印有模提议，请通令各省严办翻版一案，经大会议决，理合呈请转咨司法部，通饬各省审判官厅，遇此等案件，务须按律办理等情，相应抄录原呈，函请察核办理等因到部。查《著作权律》第三十三条以下所定，禁罚綦严。该会原呈所称翻版之案，湘鄂粤鲁川豫等省最甚。已经发见，正在诉讼中者，几于无省不有等语。足征此项诉讼，日渐增多，自非援用该律切实保护不可。为此饬知各该厅暨兼理诉讼各该县知事，嗣后遇有侵害版权案件，务须按照《著作权律》第四十条以下所定罚例，切实办理，勿得稍涉轻纵。此饬。

司法总长　章宗祥

　　商务印书馆所编辞书以《辞源》最具名气，该书从光绪三十四年（1908）已开始编纂，历时七年，到民国四年（1915）方得以完成。《辞源》经过多次修订，一直延用至今，成为著名的工具书。该书的发行正是在印有模任总经理期间。印有模还发明了电报编码系统，冯世鑫在文中写道："印有模认为，要发展中国的实业与经济，要先解决通讯落后问题，为此，他于1912年出国考察，他特别注意国外电报业的发展，决心归国后组织人力研究汉字电报编码系统。归国后，他组织了一个精干的班子，夜以继日地搞研制，经过三个寒暑的努力，终于编制出《汉语电报编码》，这套编码以其简便实用等优点，立即为国内电报行业普遍接受，得以广泛运用。"

　　正是因为呕心沥血，日夜操劳，印有模积劳成疾，葛秋栋在文中写道："由于管理的企业越来越多，他又不肯马虎经营，因此事务繁重，操劳过度，导致神经衰弱，常常彻夜难眠。民国四年（1915）的下半年，他终于病倒了。医生和亲友都极力劝他到当时医疗水平较高的日本去治疗。这一年的11月中旬，他乘船去日本。可是当船靠近日本神户时，正逢日本天皇的加冕典礼，这天日本全国停业庆祝，他乘坐的船只得停泊在神户码头外面的海面上。这时，印有模的日本友人、三井洋行的老板山本知道后，立即给他发来了电报，告诉他：'即刻派船迎接登岸午餐。'印有模接到电报后心里十分高兴，几次下舷梯等候，可是，当印有模第三次下舷梯时却发现自己已站立不稳。船上医生立即对他进行抢救，但终因中风病情严重而无力回天，这一年，印有模年仅51岁。"

　　这样的一位经营天才，刚刚年过半百就客死异域，实在是令人惋惜。1915年11月19日的《时报》上刊发了商务印书馆股东公告：

商务印书馆有限公司股东公鉴：本公司总经理印锡璋先生自本年夏间得病，告假调治，久未见效，旋赴日本就医，于本月十六日在神户病故，同人实深愧惜。所有本公司事务自印君告假后即由经理高翰卿先生兼办，现经董事会议决，本公司总经理一席推高君翰卿暂行兼代。特此布告。

董事会 伍廷芳 郑孝胥 叶景葵 张睿 张桂华 黄远庸 鲍咸昌 曹雪赓 张元济 同启

印有模生前在家乡上海嘉定的娄塘镇建有豪华居所，倪福堂在《印家住宅：现代风格和古典美的圆满结合》一文中称："娄塘镇上住宅，除现代建筑水泥结构多层楼房外，要算中大街坐南朝北，人称'印家房子'的最为豪华。来娄塘开会，参观的人们，看过这住宅，无不赞美她精致秀媚。"

可见印家房子乃是娄塘镇上最为豪华的古建筑。对于该房的状况，此文中又写道："印家住宅，共有三进砖木结构楼房和后面临河水榭亭阁。前两进系清末印有模（锡章）所建。该住宅占地面积7000平方米，建筑面积1140.3平方米，使用面积767.8平方米，共有大小房间36间，至解放时，已无原主居住，长期以来为娄塘党政机关办公所用，今年被列为县级文物保护单位。"

既然是文保单位，这样的寻访应该最为便利，而我从网上查得印有模故居位于上海市娄塘镇南新街169号。于是在2018年11月2日，趁上海开会期间前往探访。与我同去的是上海文艺出版社社长陈徵先生、刘晶晶老师和陈诗悦先生，我们用手机导航来到了这个地点。

我们的车驶入南新街后，一路注意着门牌号，跨过一座大桥不久就找到了此号。然眼前所见仅有一个破烂的房屋，这跟资料上的描述相去甚远。陈世瑛所著《上海娄塘古镇忆录》中是这样描绘这处老宅的："印有模住宅位于中大街，是印家的祖屋，它是一座花园式的砖木结构石库门房屋，坐落在中大街中段，南沿河北面街，三进两院，有上下两层，门前两进系清末所建，后面一进则建于民国 21 年（1932），属于长方形布局，内有四周楼房围成的小天井，四周窗户均有雅致精细、配上彩色玻璃的镂花窗，地上铺着五色花砖，立面和构架都较为传统，后进有屋顶花园 40 平方米，总占地面积 700 平方米，建筑面积 1140 余平方米。大小房屋共 36 间，是一座中西合璧、建筑考究的私人宅院。"

我在这一带来回逡巡，始终看不到一座像样的古建筑。陈社长则敲开了旁边一户人家，从屋内走出一对老夫妇，通过一番交谈而了解到，印有模故居并不在此处，看来网上信息有误。经过老人的指点，我们掉头往回驶，跨过大桥边走边问，终于在一个大院落的门口找到了目的地。

从外观看过去，印有模故居很像某机构在使用，然而走入院中，却并没有受到门卫的阻拦。院落的左侧盖起了一座新楼，回廊上写着"娄塘社区居委会"的字样。右手边有一座两层的老建筑，建筑之前有一个水塘，这跟资料上描述的状况颇为类似。走近水塘拍照之时，有人从旁边经过，我向他请教这里是不是印有模的故居，此人称在此工作时间没几年，不了解这种情况，让我到居委会内去打问。我们接着在院内到处探看，果真在里端看到了"印家住宅"的文保牌。

印家住宅分为两部分，右侧的院落锁着门，左侧正在维修中。从窗

图一　印家住宅文保牌

图二　住宅前的水塘

户望进去，当年的雕梁画栋还颇为精美，楼体外观乃是中西结合的式样，里面的建筑风格也是如此。左侧前后两座楼之间有楼梯相连，前面的部分居委会在使用。看来，居委会的楼体也是印家住宅的原结构，只是在外立面上做了改装。现有的装修只是将后面的楼房用红漆做涂装，并不像前面那样改变外观形貌。尽量保持旧居原貌，这种做法最令人赞赏。

右侧的院落应当是印家住宅的主体。从侧旁望过去，这一组建筑的风格也是中西结合式，外立面已经粉刷为白色，窗户与玻璃也做了整修。遗憾的是看不到院落内的情形，故只能通过倪福堂的描述，来想象这组建筑的壮观与美丽："第二进前有石库门，上方原有能工巧匠雕塑精致玲珑的浮雕，人物花鸟，栩栩如生。'文化大革命'初期，被毁坏，后改用水泥粉光，仅留有两扇高大有7.5公分厚的黑漆大门。小天井中长方形石皮铺着地坪。此进有三间底层和西首一个拔直扶梯间。正屋和两侧厢房均是较高大的两层楼。装潢考究，做工道地。门窗全是多种多样图案的玻璃门窗。门的下半部亦浮雕花纹图案。屋内地坪全铺上坚厚的五色花砖，虽经近百年磨砺，无一碎坏，貌新如初。楼南檐下亦有宽阔走廊。整幢楼房除外山墙外，楼上楼下各间之间没有墙壁，全用美松木材为壁，油漆光亮。楼上各间全装天花板。这一进是住宅的主体屋。现代水泥结构的楼房无法与他媲美。"

回到池塘前，隔着水塘拍摄印家住宅右侧的状况。从这边看过去，能够看到楼上也有一个小花园，如今仍然可以看到上面种植的植物。如此说来，当年的防水工作做得很好。然而在池塘的外沿有条一米宽的黑色跑道，跑道的顶头位置用粗壮的钢管做成了门的形状。走近细看，门下有一个树坑，此坑要比普通的水井宽很多，向下望去，里面堆放着几

图三　左侧的老宅

图四　右侧的住宅，墙壁已重新粉刷

图五　尚未粉饰的门窗

图六　隔窗而望

个巨大的水泥块。这是什么物体？我等四人分析一番，还是不得要领。陈社长立即走到门卫那里去打问，一位工作人员走出来，向我等解释说，这是居委会在此特意安装的练习拔河的设备，众人可以用绳子将那巨大的水泥块一次一次拉起，并且还要坚持数分钟。拔河是我上小学时经常参加的体育活动，却从未想到还有这样专门的练习设备，如果早一点发明这种健身用具，想来印有模也不会那么早故去。时也命也！除了几声叹息，其实起不到任何的作用。

走出大门时，我特意寻找了一下，这个院落的门牌号为南新路282号。

陈义时

四代传承剞劂艺

大概是十年前，我第一次来到陈义时的雕版工作室。那次是郁新先生带我来的，而我跟郁新先生其实也是第一次见面，此前的通话联系却有十年之久。最早的时候，是我想给自己的一些善本书配上楠木盒，忘记了是谁给了我郁新的电话，说他专门做书盒，于是我给他打了个电话。他报出的价格我觉得比较满意，随口又问他，从哪里能找到那么多的古楠木？他直率地告诉我，就是用汉代的棺材板子。他说近些年有些地方搞城区建设，挖掘出很多汉代的古墓，有很多棺材都是用巨大的楠木所制，过了两千年依然木质极好。这种木头在南方被称为水楠，因为有了这么长的历史，用这种水楠制出的木盒完全不变形。他的这个诚实反而让我踌躇起来，我倒并不忌讳用古人的棺木来做书盒，我是觉得书盒最怕受潮，这种水楠在地下的潮湿环境中浸泡了两千年，几乎让水分吃透了，用这种木头做书盒，有可能会把里面的湿气传导到古书上。我觉得这件事情需要再观察观察，于是把做书盒的事情暂停了下来。

之后的几年，虽然通过几次电话，但我跟郁新也没有真正的生意往来。某年，北大的肖东发教授在扬州组织国际雕版研讨会，我也受到了邀请。就是在这次会议上，我第一次跟郁新先生见了面。他带我参观了他自己的工厂，也看了那些水楠，我才明白了自己以往的判断纯粹是一种偏见。此趟扬州之行的另一个收获就是郁新先生带我参观了陈义时的工作室。记得那时陈先生的工作室是在一个老居民楼内，房间不大，20平方米左右的客厅里有几个工作台，有几位年轻人在那里刻雕版。

见到陈义时，他比我想象的年轻许多，说话很诚恳，问到的问题几乎都能如实相告。他告诉我，现在找他雕版的人挺多，手里的活儿干不过来。我问他，为什么不多招一些徒弟以便扩大生产，陈先生直接告诉我说，他尝试过，但是留不住人，主要原因倒并不是雕版工作有多么的苦，而是刻雕版的手法跟刻其他物品有相通之处，很多年轻人学会了雕版技艺就转而去刻玉器雕件，因为刻一件翡翠的工钱要比刻雕版高好几倍。

听到他的感叹我也觉得很无奈，我唯一能够做到的支持就是在此请他刻了两套书版。原本打算一直延续地刻下去，但这个过程中，因为中间人的问题我有些不快，于是这件事情就终止了。

2015年1月10日，我再次见到陈义时先生，他的工作室已经迁回了自己的老宅，老宅处在扬州的郊区。这一次是扬州广播电台的台长徐丽玲女士把我带来的。这片老宅的周围已经进行了大片的拆迁，遍地是瓦砾，司机几乎辨不出道路，而陈义时先生的院落却岿然于这些断砖残瓦之中。他站在门口迎接我等，他说旁边正在拓宽出一条大道，并且扬州的高铁也在修建之中，高铁站离此也不远，以后他这里就会变成交通便利的风水宝地。

十年未见，陈先生看上去风采依旧，丝毫不见老态。从外观看，陈先生的老宅像是典型的北京四合院，一色的青砖灰瓦，去年的春联虽然有些褪色，但仍然完好如初。徐台长介绍说，陈先生虽然已经是雕版大师，但很有生活情趣，喜欢把家里收拾得一尘不染。院子入口处即看到一个水池，我本以为这也是他的操作间，陈先生却告诉我，这是他的养鱼池。

院子正中位置架起了一座二层小楼，从楼房的外观看，有点像北京突击搞出的违建。他把我带上铁梯，我注意到二楼简易房的门楣上挂着一块铭牌，上面写着"扬州市东方雕版印刷文化传承保护中心"，名字有点长，却简明扼要地说清了所有问题。铭牌是金属材质的，我觉得这应该是个小遗憾，如果用木版雕刻出来似乎更符合这里。

这个简易房间约有20多平方米，沿窗两排工作台，一个年轻的工作人员正在操作着，从雕造的板片规格上看，这应该是一套佛经，但板片的厚度很大。陈先生说，这是四川某个寺院委托雕制的，这些木料很特殊，是阴沉木。我知道阴沉木难以有很大的数量，并且很难选出完整的大版。

十几年前，有两位海口的朋友专门经营阴沉木，他们告诉我，这些木材的形成过程是千百年前地震引起地质变动，使江岸边的大树被巨石压到了河水之中，又经过许多许多年，再次地质变动时又让这些木头从

图一　雕版

图二　阴沉木刻出的经版

泥里显现出来，所以这些木料很难得。因为压在江底的木料大多数都被江水浸蚀腐朽了，真正能够留下来的一定是木质极佳，才经得住江水的千年浸蚀。我跟陈义时讲了这个故事，他说确实如此，因为四川雅安某寺庙的委托方告诉他，这些木料是从大山里的水洞中挖出来的，价值极高，所以要用它们来刻制佛经。

在工作室的中间位置，还有一位女孩正在用饾版的方式刷印笺纸，看着她一块一块地套印，我又有了自己也做这样一套的冲动，但想想今天的任务，就闭起了嘴。

早在清末，扬州饾版笺纸已很有名气，而云蓝阁的笺纸尤其有名。

图三　饾版的版片及印样

云蓝阁的创办者陈云蓝是清末扬州人，同治初于扬州南皮市街创立云蓝阁纸坊，采取前店后作的经营模式，主营版刻年画、图饰信笺，兼营名人字画、纸、笔、墨、砚、扇面、封套、经折等，最受欢迎的产品就是笺纸和年画。雷梦水等编《中华竹枝词》中，就有一首歌咏云蓝阁：

邮政传书薄海通，宛如万里共长风。
云蓝阁里东洋纸，巧制蛮笺尺一通。

可见云蓝阁是用日本皮纸来制作笺纸，因其制作工艺精湛，在市场上颇受欢迎。陈云蓝生病再加上无后，就将云蓝阁转让给刘乙青。刘乙青名刘光贤，16 岁时在扬州五凤楼纸号学徒，后五凤楼毁于火，刘乙青转入汉文印刷所。在 1940 年左右，他与人合资购下云蓝阁纸号，继续制作笺纸。

扬州制作笺纸者并非云蓝阁一家，扬州市工艺美术工业局所编《扬州工艺美术志》中称："民国年间尚有水印木刻，多作笺纸之用。内容有梅、兰、竹、菊或山水、人物，以淡绿或淡赭等浅色，水印在宣纸上。此类产品多为扬州各大纸店后作生产。"

但是近些年，在扬州已很难看到手工制作的笺纸，尤其是饾版拱花形式的笺纸，这与工艺失传有一定关系。20 世纪公私合营时，云蓝阁被合并进了百货公司，曾经辉煌一时的老字号就这样无声无息地消失了。直至 2002 年左右，扬州广陵古籍刻印社着手进行饾版拱花技艺的恢复与研究工作，才使该工艺重获生机。

陈义时在广陵古籍刻印社工作多年，想来也是恢复扬州笺纸的技师之一，他开起工作室后，继续在这里制作笺纸。仔细观摩工作室制作出的成品，其细腻程度不在晚清民国的笺纸之下。我请陈义时先生拿起一块饾版与之合影拍照，记录下他在扬州恢复这项工艺的功劳。

此前我看过报道，陈义时不但比照古时的笺纸式样重新翻刻，还另外创造出一部《绿杨笺谱》。张倩倩在《陈义时雕版印刷艺术研究》中称："《绿杨笺谱》中的花鸟、虫鱼、人物、山水对于陈义时来说是个很大的挑战，这些想象的刻绘不亚于完成一幅幅国画作品。饾版需要雕版艺人按照原稿的色彩经过勾稿和分版雕刻，'由浅到深，由淡到浓'的规则，进行逐色套印完成彩色印刷品，以达到和国画分染相同的效果。陈义时的刻刀就像是画家手中的画笔，刻画着每一个花朵的线条，每一个人物微妙的眼神和每一只鸟儿细小的翎毛。"

对于这套笺谱的图案所本，该文中写道："《绿杨笺谱》的稿子属于半创作型，陈义时在花鸟、虫鱼、人物、山水四个类型中各选择了一些作品，这些作品的底稿有的是源于其他作品，有的是陈义时非常喜欢的，然后根据雕版印刷的特点等进行重新的整理、调整，使它们更加适用于雕版的雕刻以及套色，最终确定了定稿《绿杨笺谱》。"

然而我在他的工作室内却没有看到《绿杨笺谱》，本想问之，又虑此有索要之嫌，于是又闭上了嘴。

拍照完之后，他带我到另外的几个房间，我又看到了他雕造的一些一米多高的佛像版画。在这间工作室内，我还看到了堆放的丝网印刷板片，细看内容也是佛经。陈先生告诉我，现在这方面的活儿最多。

历史上，扬州是著名的佛经刊刻地，当地的江北刻经处在晚清民国间极具名气。扬州中国雕版印刷博物馆所编的《雕版印刷》一书中介绍

图四　陈义时和他的版片

图五　丝网版

图六　陈义时雕造的佛教版画

称，江北刻经处设于江都砖桥法藏寺，清同治五年（1866）由妙空法师创办。妙空俗名郑学川，字书海，江都人，咸丰年间出家为僧，为江都砖桥接引禅院开山祖。"妙空痛惜大量明、清经版焚于兵火，发下重刊佛经宏愿。同治五年与佛学家杨仁山、许灵虚、王梅叔等在南京北极阁创建刻经处。不久，刻经处一分为二，杨仁山等在南京主持金陵刻经处，妙空回江都砖桥法藏寺创办江北刻经处，又于扬州藏经院及如皋、常熟等地创建刻经处四所，而总持于江北刻经处，全力为刻经事业奔走操劳，自号刻经生。"

对于江北刻经处的刻经情况，该书中简述："妙空主持江北刻经处十五年，最盛时有刻字工四十余人，计刻佛经近三千卷。所刻佛经写刻工整，校勘认真，远销海内外，被学术界、宗教界誉为'扬州刻本''砖桥刻本'。光绪六年（1880 年）江北刻印处刻印《大般若经》未完，妙空圆寂，后由清梵法师继续主持刻完这部六百卷的巨帙佛经。清梵法师主持江北刻印处二十三年，刻经事业坚持不断，刻经规模则小于妙空时期。清梵圆寂后，由月朗法师继主其事，刻经事业一直延续到抗日战争期间。"

对于其版片的归宿，书中写道："江北刻经处七十年中，所刻佛经与妙空等著作共四千六百余卷。1954 年，润之法师在中国佛教协会负责人赵朴初协助下，将所剩经版二万九千二百余块，其中包括《大般若经》六百卷的版片，运往金陵刻经处收藏，至今仍为该处保藏与使用。"

但是江北刻经处所刻经版并未全部被运走，王澄编著的《扬州刻书考》在讲到扬州藏经院时，称当年郑学川在此院设立了扬州刻经处，为江北刻经处分部之一。对于该院刻版的情况，此书中说："据民国十六年（1927）刻印的《藏经院经价目录》所载，扬州藏经院所刻经书有十五大部一百九十七种一千三百余卷又图像六种。此后继续刻印经书，至民国末年停止。"对于其版片归宿，文中说："扬州藏经院现存经版多为残版，约两万余片，由扬州广陵书社收藏。"

而今广陵书社的版片转到了雕版博物馆，得以长留扬州。近些年来佛教兴盛，有不少寺庙都在补刻佛经缺失的版片，还有些地方在重新刊刻佛经，这些版片有不少都是出自扬州。

参观完之后，陈义时请我等坐下来喝茶，我向他请教了一个一直没有弄明白的问题。我在一些宋版书上看到雕造手法上的区别，一般而言，现在的雕版在刊刻的时候都是以剔除余料的方式，将每个字周围的多余部分刻掉，这种刻法近似于书法上的双勾。但也有一些宋版书，尤其是宋版的早期刻本，会按照书写的前后笔顺将笔画的交叉处刻断，这种刻断方式会在笔画的交叉处形成一丝留白，那为什么要这样刻版呢？

陈先生果真是行家，他给我解释了一番，我还是没太听明白。于是，他拿来了一块雕版，又拿出一把刻刀，当场给我演示为什么要有这种刻法。我终于听明白了，原来是因为刻刀不同。刻刀分长刀与短刀，较早期使用的多是短刀，后来逐渐演变为长刀，只有长刀才能刻出现在的雕版手法。但他同时告诉我，刻印用的是短刀，所以，刻印跟刻版不同，主要就区分在这里。听到这句话，徐台长在旁边补充说，杭州有个篆刻名家，刻的图印很漂亮，她曾经请他试着刻了几块版，发现出来以后的效果太过呆板，徐台长说，这可能就是刻章和雕版之间的最大区别。陈大师又说，自己的刻刀使用方法从他父亲那辈就是如此，必须在竖文笔画交叉之处停刀。他给我讲解了发刀和挑刀的具体操作方法，说无论以什么方式来刻制，都没有我所说的那种断线刻法。

图七　陈义时向我演示长刀与短刀的区别

图八　雕版的工具

　　陈先生果真是大师，他形象的示范终于让我明白了困惑已久的问题。我接着向陈先生请教扬州一地为什么盛行雕造书版，他说从清中晚期开始，江都杭集一带就有很多人从事雕版工作。杭集是今日扬州邗江的一部分，因此这门手艺在扬州一地颇有传承。王澄在其专著中介绍了坊刻后起之秀——陈恒和书林，而陈恒和就是杭集人，"陈恒和出生地杭集，位于扬州东南郊，离城仅十余里。清代扬州雕版印刷发达，杭集一带雕版印刷技术匠师甚多，写工、刻工、印工、装订工齐全，世代相承。清末至民国，扬州雕版印刷衰微，杭集一带以此为业的匠师组班结队外出揽活，此际江苏、浙江两省雕版印刷业中的'扬帮'艺人，多数出自杭集一带。陈恒和受家乡环境影响，早年即有志从事书业谋生。开始从其舅父学习目录学，后进入上海'忠厚书庄'，以从事古书修补身份，师从业主李紫东习版本目录学及古旧书经营业务。满师回乡，于民国十二年（1923）至扬州创设'陈恒和书林'"。

　　对于此后的情形，该文接着写道："陈恒和经营得法，业务逐渐发展，由进销书籍发展到印书发售，又由租版印书发展到刻版印书。陈恒和去世后，其子陈履恒继承父业而光大之。陈氏父子主要业绩在于刻版修版校印古籍，他们悉心搜集乡邦文献稿本，辑刊《扬州丛刻》之壮举，尤为世人称道。"

　　可见陈恒和刊刻的《扬州丛刻》最具名气，这部丛书有 24 种，47 卷之多，其中所收均是与扬州有关的文献。后来陈恒和书林在公私合营时加入了扬州古旧书店，其刊刻版片也归入此书店。

　　陈义时也算是出身雕版世家，清光绪年间，他的爷爷在杭集镇就办有当地最大规模的刻字作坊，雇着三十多个工人。到他父亲那一辈时，刻过很多大部头的丛书，比如《四明丛书》《扬州丛刻》，刘世珩的《暖红室汇刻传奇》也是他父亲刊刻的。

王澄的专著中讲到的陈正春就是陈义时之父，陈义时的祖父则是陈开良，"其父陈开良雕版技艺全面，刻字、刻图、修版俱精。清末至民国间常年带领杭集一带刻字工人（多为其子弟、门徒）在外地刻字，以集体刻工精整受各地刻书家、书坊业主欢迎，被外地同行视为重要竞争对手，称之为'扬帮'。民国间病卒，终年六十余岁。陈正春自幼师从其父，其父去世后，继为'扬帮'领头人，带队在扬州、南京、吴兴、宁波等地刻书"。

关于陈开良刻过的书版，王澄在文中写道："在扬州刻过陈恒和书林《扬州丛刻》等书和独山莫友芝《影山草堂六种》，在吴兴参加刻过张钧衡辑《适园丛书》，在宁波参加刻过张寿镛辑《四明丛书》。在南京书坊李光明时间最久，刻书品种最多，李光明庄刻印之书优于当时坊本，颇得力于'扬帮'刻工、印工、装订工。民国末年至新中国建立初年，为金陵刻经处刻经。1958 年，受扬州古旧书店之聘，负责刻《咸同广陵史稿》等书，并参与筹建广陵古籍刻印社。1960 年建社后，陈正春与书手陈礼环共同引荐刻工，组建了写刻组，任组长。"

以前从资料中看到过，刘世珩的《暖红室汇刻传奇》乃是请武昌名工陶子麟刊刻的，何以陈正春会再刻此版呢？我从王澄的书中了解到，这套书版后来归了广陵书社，该社打算再次刷印，在整理版片时，发现缺失较多，《传奇》一书中有许多版画插图，要想将补刻之图与原版片保持统一风格，难度很大，于是社里就把这个任务交给了陈正春。"贵池刘氏《暖红室汇刻传奇》原版属于精刻佳品，但缺损较多，修补难度较大。

陈正春精心指导刻工按原版风貌修版、补刻，又亲自动手补刻所缺插图，精丽一如原样。刻图是其家传绝活，曾展示过自己往年所刻插图印样，观者无不赞美叫绝。1978 年，广陵刻印社恢复重建，年过古稀的老雕版师陈正春再次应聘到社，仍然勤奋工作，兼教生徒，直至1981 年病故。终年八十岁。"

雕版质量的好坏，取决于写样工和雕刻工的配合，陈正春所雕版片受人夸赞，也得益于他有一位很好的写工搭档。王澄在其专著中提到此人名叫陈礼环，文化程度较高，具有版本目录学知识，所以被其他刻工们尊称为先生。"（陈礼环）与陈正春同乡，年龄相近，不同工而同事，两人早年即一道在外从事雕版生涯，一写一刻，长期搭档，人称'二陈'。尝应图书馆邀请，为藏书写书根，为南京图书馆写得最多。他所写版刻字样和古籍书根字都为仿宋体，极工整美观。扬州广陵古籍刻印社筹建期间，聘其写刻样，建社后任组长，兼事校对。'文化大革命'中，社停办，无奈回家，抑郁病卒。"

除了祖父和父亲，陈义时家中还有多人从事雕版工作，比如陈开良的弟弟陈开华，扬州广陵古籍刻印社成立后他就在社里刻书。因为有家庭传承之故，陈开华刻版的速度比别人快一倍以上，"刻字擅长'发刀'，架部（笔画结构）工整，动作奇速。一般刻工刻字，通常是一'发'一'挑'，开华日'发'二页（近千字），供应两个'挑刀'而有余。终年八十余岁"。

陈开良的徒弟王义龙擅长修补旧版片，他在刻印社前后工作十余年，修补过《适园丛书》《四明丛书》和《暖红室汇刻传奇》等多部书，在此期间，还为刻印社培养出多位徒弟。

当年陈正春收的第一个徒弟名叫刘文洁，20世纪60年代也在扬州广陵古籍刻印社工作过，参与刊刻了《扬州营志》《杜诗言志》等书，余外他还刊刻过木活字。刘文洁擅长修补旧版片，可谓得其师真传。1965年，因刻印社停业，刘文洁转到淮阴印刷厂刻铅字，可见他能把雕版技艺灵活运用在其他材质的刊刻上。

陈义时说自己13岁就跟着父亲学习雕版刻字。1961年，扬州的高旻寺准备补刻一批经版，扬州古籍书店组织了上百人前往此寺刻版印刷，陈义时跟着父亲也来到了高旻寺。他在寺里跟着这些长辈们工作了五年，由此练出了自己的刻版手艺。徐台长告诉我，陈义时刻的雕版确实比别人水平高。她说，雕版的字体漂亮不漂亮其实区别只有一点点，很多人刻字刻得很规矩，但看上去却没有行气，但陈义时刻出的版，望上去就有那么一种飘逸的潇洒劲儿，这一点别人很难学得来。我问徐台长为什么这么一个小的窍门别人却很难学得来，徐台长笑着说："这可能跟一个人的生活态度有很大关系吧。"

谈到自己的工作室时，陈义时说现在收的十几位徒弟都是吃住在他家，这些徒弟都是大学生，有的还是研究生，他们来自全国各地，有些人打听到陈义时家的地址后，直接前来拜师学艺。赵文文在其硕士论文《广陵书社研究》中转引了雕版技师刘坤的回忆："陈义时最早收一个男孩子，南京人，自己就背着行李自己就找过来了。赶他走他都不走，他就喜欢这个。他就要吃在这里，住在这里。"

按照扬帮规矩，雕版收徒弟传男不传女，但陈义时却打破了这个规矩，他的弟子有男有女，他觉得性别不重要，最重要的是热爱这个行业，要有耐心。他说一般悟性的人半年左右就能刻字，学习三年就可大致掌握雕版技巧，但是雕版有各种字体，还有各种图案，要想全面掌握，需要用一生慢慢摸索。

对于陈义时刊刻的特色，赵文文在文中说："从事雕版工作近 50 年，他功力深厚，技艺精湛，真、草、隶、篆等各种字体雕刻自如，特别擅长宋体和楷体字的雕刻。多年来，他也摸索出一条传承之路。'一两年内刻宋字，三四年内刻楷书，五六年内刻版图'，所有的步骤都要慢慢来，'这是一个永无止境的技艺'。基础上，先要把手腕练活络了，才能从事这一行。"

关于陈义时的雕版代表作品，该文有如下总结："《白隐禅师自笔刻本集成》《里堂道听录》、活字本《唐诗三百首》《孙子兵法》《毛泽东诗词七十六首》《老子》《论语》《周易》、图谱《弥勒佛》《一面观音》《释迦如来》《北平笺谱》。其中《礼记正义校勘记》获全国古籍优秀图书特等奖，《里堂道听录》《唐诗三百首》获华东地区古籍优秀图书一等奖，《孙子兵法》获华东地区古籍优秀图书三等奖，《十一面观音》《释迦如来》等作品被各级博物馆收藏。另外，他耗时十余年刻就的《绿杨笺谱》，堪称继《北平笺谱》后的又一饾版精品。"

而今陈家雕版已经有了第四代传人，就是陈义时的女儿陈美琦。陈美琦也是从 13 岁开始跟随父亲学习雕版技艺，但是她从学校毕业后没有跟随父亲从事雕版印刷，而是转到了玉器雕刻，因为当时玉器生意比雕版生意前景好收入高。但是陈义时希望祖传的手艺不失传，想尽办法说服女儿放弃玉器生意。陈美琦在赵文文采访她时称："我在做玉器的时候，他常常从门口走过，让我看见他，他又不进来，故意让你感动。最后，我就坚持不住了，我就说：好吧好吧，我回来学刻字。"

　　陈美琦终于被感召回来，在父亲的悉心指导下，她不断积累经验，逐渐形成了具有独特风格的雕造技法。二十年前广陵书社出版了一批用泥、铜、锡、瓷活字刷印的书，有些就是陈美琦雕造的。她在接受采访时讲到了传承雕版事业的信心，"不知道是感情，还是信念。反正就是没动摇过。包括到了零几年，我们这边不是曾经改制嘛，他们一批老的，到退休年龄的都回去了。回去以后就剩下我一个人，而且当时在低迷时期，也没有申报非遗，生存下来就很难。我有考虑过是不是要回去做玉器，我征询过我父亲的意见，他说：随便你，我不强迫你。但是我一直这么说，一直没有这样做。还是一直留在这个事业里，继续做雕版，坚持着。还好，过了没几年，申请了非遗，就渐渐好起来了。又有年轻人愿意来学了。我觉得我还算比较成功，没有放弃，总算熬出来了"。

　　我们在喝茶聊天期间，隐隐地听到了后院有喧哗之声，我问陈先生后面在做什么，他告诉我在出板。原来他还有自己的"出版机构"，陈先生笑着跟我解释，这里"出板"的"板"字是木板的板。此时本已准备向他告辞离去，听他这样一讲又激起了我的兴趣，我说可否去看一看，陈先生说当然。

　　穿过工作室即是后院，后院的面积不小，在靠近出口的位置有一个十余平方大小的水泥池，里面站着的一位老先生正从池子中拿起一块块木板，旁边有人正拿着水龙头冲刷着木板上黑褐色的黏稠状物体，还有十余位年轻人将冲刷完的板片一片片抬起摆放到墙根，这些人干活的时候表现出一种自然的娴熟。

　　陈先生看我很喜欢拍照这些场景，跟我解释说，这里面的板片是棠梨木，棠梨木是一种野梨木，这种树不能选结过梨的，结过梨的木料就不能用来刻版，因为结梨之后，木质就会变得松软。但棠梨木虽然利于刻版，里面含的糖分却对木板保存不利，因此从外地买来棠梨木后破成板材，要放在这个池子里面浸泡，浸泡的时间一般要在一年到三年。而今池子里的这批木料已经泡了三年，今天正是出板的日子。

原来是这样，这让我大感兴奋，赶日不如撞日，没想到今天来的正是时候，无意间赶上了这么一个难得的场景。我看到这些人一块一块地把木板从里面拿起来，拿的过程中还要清理上面的污物，之后再用水冲刷。陈先生说，上面那些黑褐色黏稠物就是浸泡出来的糖分。我问他，为什么这些工作人员要把木板堆到墙根去？陈先生说，这些木料拿出来

图九　出板

图十　阴干

之后不能被太阳晒，否则会变形，必须放在背光的地方，慢慢地阴干，之后才可以再做下一步的处理。徐台长在旁边告诉我，站在池中出板的那位老师傅是陈义时的同事，名叫蒋传志，他们以前一起在扬州广陵刻印社工作，陈义时成立了自己的工作室之后，这位同事就转过来跟他一起干。而拿着水龙头冲刷板片的那位，就是陈义时的夫人，她一直帮着陈在做这些具体的工作。

我向陈先生请教了一些不同木料的常识，他告诉我，其实硬木大多不适合用来刻制雕版，这并不单纯是因为它们难以雕刻，更重要的原因是很容易开裂。他告诉了我一些木材的不同特性，也更改了一些我想当然的认定。他说有些珍贵木料适合雕造，但难以有成批量的木材，比如说黄杨木。他又拿出一小截木料来给我看，那个木料不过两拃长，呈现嫩黄的颜色，用手摸上去十分光滑细腻。他说这种木料叫小叶黄杨，很稀见也很贵重，大概这么小小的一块就有上万块钱的价值。他又指着旁边的一块颜色发白的板子跟我说，这种木头叫丝棉木，俗名叫狗骨头木，这种木材用于刻章比较不错，但是如果用来刻雕版就有些软了。我问他用软的木头刻版有什么问题，他说在刊刻的时候问题并不大，但重要的是刷版时印数少。

陈先生又告诉我，一块版上刻的字越大，刷印的数量就越多，刻那种很大字的版，能够刷几千张到上万张，但刻得越精细刷印数量就越少，如何在两者之间找到恰当的平衡，这就是刻版的时候重点考虑用什么材质的主要因素。我突然想到，他现在已经成了国内刻版方面的著名品牌，那么他的这些徒弟们刻的版将如何来看待。陈大师很快明白我的意思，他笑着说，这些徒弟们刻的版他也会一块一块地把关，如果觉得刊刻质量很好，那他也会把自己的名字刻在版上，因为那上面也有自己的修版。如此说来，刷印出的印样上如果有"陈义时刻"这几个字，就有可能是他亲手所刻，没有他的名字的，那就一定不是他所刻。他悄悄说，也可以这样理解。

我们又接着聊到了现在刻版的木料，他说，现在能够找到批量材料并且易于刊刻的，仍然是梨木和枣木。李江民在旁边补充说，梨木印出的书最漂亮，如果是用硬木比如红木等刻出来的版，虽然看上去漂亮，但在刷印的时候就感觉跟在金属板上刷印出的效果一样，并不漂亮。陈先生又说，即使是梨木或枣木，也不是买来就能使用，要必须会看。他指着堆在旁边刚出来的木片告诉我，哪片可以刻版，哪片基本上已经不能使用了，看来买木料也是一门学问。我问他，这一池子料能用多长时间。他说，至少够他用三四年的。如此说来，想要看到第二次出板的过程，得是三四年之后的事了，但怎么可能那天又正赶上我来到这里呢，运气之所以是运气，也许就是不期望中的得到吧。

回到陈先生的工作室，在另一个房间中，我又看到堆放的一些废料，他说这些料就是阴沉木的边角料。一同前去的几位朋友说，用这个料雕造手串会很容易出彩。陈先生说，那可不行，因为这是对方委托的料。一是对方也很看重，要求剩余的边角料也一并退回去；二是他自己也从不干这种事，只要是对方来料加工，他都会把剩余之料一并返回。陈先生说，这是多年养成的规矩，别人的东西就是别人的。

书物篇

远溯秦汉，今统半壁

文港笔

2017年3月26日晚上，我跟毛静先生住到了抚州。次日一早他请来了朋友李清云先生，李先生大概40多岁，但身上透显出的那种精气神，使得他看上去远比实际年龄要青春许多。在车上一直聊天，李先生说话既谦逊又风趣，他的第一句话就让我为之刮目，他说刚才跟我握了一下手，就感觉到了我身体内澎湃的内功。这句夸赞让我大感受用，感觉自己完全就是金庸笔下的人物。

李清云说自己信奉道教，近些年主要在做道教养生研究，在龙虎山建起了养生院。他的身体状况和精神面貌，倒的确可以做这个行业的无声广告。李清云说自己习武多年，跟别人握手时都会下意识地测一下对方的实力如何，他说这是一种本能，并非有意而为之。在聊天中，李清云还讲到他是当今国学名家龚鹏程先生的入室弟子，因为他是大陆第一批向龚先生行跪拜礼的弟子。他还跟我讲到了龚先生的许多事迹，都是我未曾听闻过的。

能够看得出，李清云对江西的人文历史有着挚爱，因为他本就是江西金溪县人。他特别骄傲地跟我说，江西的文化底蕴太深厚了，要挖掘的东西太多，因此在江西搞文化考察，一定要慢下来。我觉得他的潜台词是在规劝我：不要这样匆匆忙忙地到处跑。李清云说自己刚从武当山赶回来，昨天在抚州主持了一个上梁仪式，而这种仪式的完整程序，现在了解的人很少，他认为应当将这些古老的传统渐渐地恢复起来。

因为李清云不熟悉从抚州到文港如何走高速路，所以我们一直沿着国道慢慢前行。李先生的耐性很好，他谦称自己车技不佳，但我更愿意相信这是他修行的结果：做一切事情都要从容不迫。而走国道也有个好处，那就是可以一路听他跟我讲述各种故事，在这样的听觉享受中，不知不觉就进入了文港镇。

其实我在四五年前来过一次文港镇，那时是到这里来寻找晏殊、晏几道父子的遗迹。当时天公不作美，一路都在下雨，以致我到达了文港镇都未曾去拜见当地的制笔大家邹农耕先生。

我跟邹先生未曾谋面，他主办的刊物在读书界颇有名气，这些年来我时常收到他的赠刊，从那些刊物上了解到不少的业界信息，对于他本人的情况我也是从这些信息里渐渐得知。比如他在文港镇办起了毛笔博物馆，为此受到了国内许多人的支持，有不少人都会把一些旧笔，尤其是一些有历史价值的名家之笔寄赠给邹农耕，以此来表示对他建起的这个专业博物馆的支持。

　　其实我也很想这么做，毕竟长期收到他的赠刊却无所回馈，总觉得有些愧意，遗憾的是，我不会写毛笔字，所以也就没有藏笔之好。近几年，中国书店的一些拍卖会上出现了一些旧笔，我完全不能辨识这些笔是否真有历史价值，所以不敢上手。去年，琉璃厂举办的一场小型拍卖会上出现了整盒的笔，上百支笔作为一个标的上拍，并且底价不贵，我决定将其拍下。即便没什么价值，这么大的数量也应当能够值这个钱，若能将其拍到手后赠给邹先生，也算是我对他致力于博物馆建设的一个小支持。

　　可惜的是，我的这个如意算盘落空了，因为我在电话委托中还没来得及举牌，十几秒的工夫，价格已经超出了我的心理预期，而最终的成交价则是我预估价格的 10 倍，以致我开始怀疑：这么高的成交价，是不是有人在做托儿？

　　此次在江西跟毛静先生聊天，方得知他与邹农耕是很好的朋友。我之前跟毛静说想了解江西笔业情况时，他已经计划好带我前往文港见邹农耕先生，没想到我也有此打算。如此的巧合，看来许多事情在冥冥中自有定数。其实原本昨天晚上就能够见到邹先生，因为毛静说，邹先生所办的博物馆附带有宾馆，我们住到那里，这样就可以向邹先生请教更多的问题。可惜的是，这个宾馆正在维修之中。今日一早跟随毛静来到文港，我才第一次见到了久闻其名的邹农耕。

　　上次我来文港时，就在这里看到了"华夏笔都"的牌坊，沿街的广告也都跟毛笔有关。对于文港的制笔业，沈婷在其编著的《文房四宝：笔》一书中，有着如下描述："20 世纪 30 年代，文港制笔艺人已遍及全国十多个省市，镇内拥有 50 人以上的制笔厂不下 20 家。在 20 世纪

60 年代到 70 年代，文港的制笔业几乎被迫停产，但是改革开放后，传统的文港毛笔生产又迅速地发展，毛笔生产厂和家庭作坊一跃而增加到一千四百多家，从业人员达六千余人，并且形成了全国最大的毛笔市场，全国各地的毛笔商云集文港，而文港又有五千余人遍布全国销售毛笔。文港的毛笔产销量占全国份额的 50%，形成了产、供、销一条龙的经营格局，产品畅销国内外。"

文港毛笔的产销量已经占到了中国总量的一半，这真是个吓人的数字。看来，"华夏笔都"之名绝非虚语。为什么文港这个地方有着如此发达的毛笔业？这正是我想向邹农耕请教的问题。

进入文港镇后，看到很多跟毛笔有关的广告与雕塑，上次因为下雨，未曾细看，而今在这个镇上看到的商业形态，基本上是清一色的毛笔销售企业。这么多的同类商店集中在这样一个小镇上，它们是如何将这么大量的毛笔销往世界各地的呢？我很想了解其中的奥秘。

邹农耕的毛笔博物馆处在一个十字路口的侧边。从外观看，博物馆乃是仿古建筑，颇类苏州博物馆的外形。进入文港镇时，毛静给邹先生打了电话，他正在外面办事，说自己随后就会赶来，因此毛静就先带我们参观这里的销售商店。

我们从正门进入，眼前所见是一个整洁的院落，毛静说，这个大院全部是"农耕笔庄"的范围。其占地之大出我所料，尤其后院还有着一个面积不小的池塘，池塘之上还建造着仿古的亭台。这才是真正的"小桥流水人家"，看来邹先生也很懂得养生。

我们从后门穿进了销售大厅，这个大厅内摆着各式各样的毛笔，品种之繁多出乎我的意料。我看到桌上摆着一块铭牌，此牌是中国轻工业

图一　邹氏农耕笔庄内景

图二　中国十大名笔标牌

联合会与中国文房四宝协会一同颁发的"中国十大名笔"牌，此牌上写着"邹氏农耕笔庄"。可见，邹先生所制之笔已经是中国的十大名笔之一。我又开始感慨自己不会写毛笔字，这让我无法体会到邹氏毛笔在使用时是何等之佳。

正在参观时，邹农耕走了进来。我看到他的第一眼就有着熟识之感，虽然我在此之前从未见过他，也没有看到过他的照片，但他的长相跟我的想象基本吻合。他果真一身儒雅，无论是穿着还是举止，都透露着他做事的一丝不苟。

邹先生先带着我们三人坐下来喝茶聊天。我首先向他表示了歉意，因为自己对他的事业无所贡献，同时也聊到了想在拍卖会上买下那批笔赠送给博物馆的想法。没想到邹先生马上说，他也注意到了那批笔，也没想到为什么能够拍出那么高的价钱。听他这么一说，我原本忐忑的心情平和了下来：看来，那批笔果真不值那个高价。

我向邹农耕坦承：自己对毛笔完全外行，纯粹是因为要写这篇文章，才来打搅他，因此希望他能给我普及一些毛笔知识。邹先生跟我客气了几句，而后转入了正题，他说文港造笔已经有两千多年的历史。这个说法吓我一跳，因为我未曾想到能够追溯到这么远。在我有限的知识储备中，似乎是湖笔更有名。邹先生也承认这一点，他说江西笔之所以名气不大，主要原因是本地所产毛笔的销售对象主要是普通大众，正是这个原因使得文人士大夫所写的文章典籍中对江西笔少有记载，所以江西笔的名声未能传播开来。

对于笔的历史，邹农耕说，他个人认为安徽笔最早，湘笔（又称为楚笔）产生年代可能跟安徽笔处于同一时期。就历史变迁来说，江西一半在吴、一半在楚，因此江西笔结合着两地的特点，而后才衍生出自己独特的风格。在江西笔之后，才出现了湖笔，米友仁对此有过记载。

对于湖笔为何那么有名，邹农耕说，这是因为湖笔有特殊的原料，那就是一种只产在太湖周围五十公里内的羊毛，这种毛很特殊，再加上特有的制笔工艺，才使得湖笔名扬天下。邹农耕还告诉我，毛笔分三大流派，分别是安徽、江西和湖笔，制作手法也分三大类——散卓法、披柱法和铺叠法，江西笔主要用散卓法。他说，散卓法制笔的方式是剔除不好的毛，而后再增其所缺，这种笔需要慢慢做，有工夫时就可以操作，没工夫时也可以放到一边，因此散卓法制出的笔，每一支都会有所不同。

为什么这种制笔方式会叫这样一个怪怪的名称？我等三人听来都有这样的疑问。邹先生称，这个"卓"字有可能就是"桌"字，"散卓"两字加在一起，就是在制作过程中，可以随意地放在桌子上。他说，这种制笔方式在东汉之前就已产生，而今这种制笔方式主要用来做大笔。

但我还是不能领会对这个名称的解释。邹先生将"卓"解释为"桌"，显然，他认为这是个名词，我觉得也有可能是形容词，或许是说这种制笔方式很"卓越"。而毛静讲出了第三个说法，他认为这个"卓"字有可能是"捉"。如果是这样的话，这个"卓"字就又成了动词。显然，我跟毛静的猜测都是望文生义。但邹先生不以为忤，他说具体的名称来由当然还可以做进一步的探讨。

对于"披柱法"，邹先生认为这是改良后的"散卓法"，因为用这种方式制出的笔不容易挺起来，所以，在制笔时会将一些硬毛加入笔中，其做法是用这种硬毛做成笔柱，而后外面再铺装上软毛。此种制作工艺起成这样一个名字，倒是很贴切。邹先生说，"披柱法"不易操作，因为这种做法需要柱心空，只有这样，在用笔时才会有弹性。

对于"铺叠法"，邹先生称，这种做法是先把所有的毛做统一的归类，然后将分好类的毛一层一层地铺上去，这就让每一根毛都有了其固定的位置。此种制笔方式增加了效率，但却缺少了特色，因为这有点儿像工业化的程序性生产。因此邹先生说，只有这"铺叠法"才是真正地做笔，但这种方式是把笔给做"死"了，这种制笔方式跟"散卓法"完全不同，因为"散卓法"全靠师傅的经验来掌握，所以无法形成一种固定的程序。

为此，他把江西笔形容成"道家"，他认为正是道家观念在江西的传播而影响到了本地文化的方方面面。我问其何以把江西笔形容成"道家"，邹先生说，这是因为道家的观念弹性太大，"散卓法"制笔也正是如此。他又告诉我，湖笔乃是儒家的东西。

听邹农耕讲解完毕后，我请他带我等去毛笔博物馆。博物馆处在这个园林的周边，我感叹于这个博物馆建造得如此有田园风情。邹先生说，他在此买地建设之时，这一带什么都没有，正是因为这个博物馆渐渐有了社会影响力，方使得很多做笔的企业到这一带来开店办厂。毛静介绍说，邹先生乃是制笔世家，其夫人也是历史上有名的制笔大家之后，这两家联姻后，就挑起了传统江西笔的传承重任。

毛笔博物馆的面积占地不小，一楼大厅布置得颇为疏朗，里面以图片和实物相结合的方式述说着毛笔的历史，每一件实物之前都会列出捐赠者的姓名。邹先生说，他得到的捐赠物以及他买来的历史物证，远比眼前展出的要多许多，接下来他准备对博物馆进行改造，逐渐把这些珍贵的历史文物一一地展现给观众。

我在这里看到了许多笔毛的原料，比如看到了一条黄鼠狼的尾巴，这更正了我的一个固有观念：我原本以为狼毫笔的狼毫就是野狼的毛，原来指的是黄鼠狼的毛。在这里还看到了兔毛、牛耳毛等等。邹先生介绍说，能够得到好用的毛对制笔最为关键。而后我从资料上查得，古人制笔所用之毛有着太多的品种，比如王羲之在《笔经》中就说："以兔毫为笔柱，羊毛为笔衣，或用人发梢数十茎，杂青羊毛并兔毫，裁令齐平，以麻纸裹柱根。"

王羲之在这里提到了笔柱，不知这种笔是否用"披柱法"制成。此笔中杂糅了兔毛、羊毛以及人发等等，这种混合用法被称为"兼毫"。兔毛其实也是制笔的常用原料，《太平御览》中就曾记载用白兔之毛制笔，"世称为笔最精"。

其实，用兔毛制笔仅是用其中最精的那一部分，这种稀见之毛被称为"紫毫"。白居易就专门写过一首《紫毫笔》：

紫毫笔，尖如锥兮利如刀。

江南石上有老兔，吃竹饮泉生紫毫。

宣城之人采为笔，千万毛中拣一毫。

毫虽轻，功甚重。

管勒工名充岁贡，君兮臣兮勿轻用。

勿轻用，将何如？

愿赐东西府御史，愿颁左右台起居。

搦管趋入黄金阙，抽毫立在白玉除。

臣有奸邪正衔奏，君有动言直笔书。

起居郎，侍御史，尔知紫毫不易致。

图三　毛笔博物馆内的历史遗物

图四　狼毫　　　　　　　图五　兔毛　　　　　　图六　牛毛

　　每岁宣城进笔时，紫毫之价如金贵。

　　慎勿空将弹失仪，慎勿空将录制词。

　　看来，这种紫毫要在兔毛中千挑万选才能找出一根，用这种毛做出的笔，用起来最为得心应手。白居易说最好的紫毫出自江南的宣州，但是后唐冯贽在其所编《云仙杂记》中，对此提出了质疑："白乐天作《紫毫笔》诗云：'江南石上有老兔，吃竹饮泉生紫毫。'予守宣时，问笔工：'毫用何处兔？'答云：'陈、亳、宿数州客所贩。宣自有兔毫，不堪用。'盖兔居原田，则毫全，以出入无伤也。宣兔居山，出入为荆棘树石所伤，毫例倒秃。"

　　看来，真正的好兔毛并不是出自宣州。宣州兔毫笔虽然很有名气，但这种毛却是从陈州、亳州和宿州等地运来的。虽然如此，但这并不妨碍宣州紫毫的名声，再加上大文豪白居易为其做了个广告，更是名传天下。

　　早在白居易之前，卫夫人在《笔阵图》中就讲到过兔毫："笔要取崇山绝仞中兔毛，八九月收之，其笔头长一寸，管长五寸，锋齐腰强者。"可见，以兔毫制笔曾经是制笔业的主流。

　　宋代的陆游在他80岁时写了篇《自书诗》，据说此诗的书写用笔乃是猩猩毛。这样的毛如何得来呢，想来不是件容易事。宋代黄庭坚《山谷诗集注》援引《鸡林志》所说："高丽笔，芦管黄毫，健而易乏。旧云猩猩毛。"看来当时的高丽国喜欢用猩猩毛来制作毛笔，不知陆游使用的是否是高丽笔。黄庭坚在《笔说》中则称："……有严永者，蒸獭毛为余作三副笔，亦可用；又为余取高丽猩猩毛笔解之，拣去倒毫，别捻心为之，率十六七，用极善。"在这里，黄庭坚也说，猩猩毛笔乃是来自高丽。

除此之外，可以用来做笔的毛还有很多。明陈继儒在《妮古录》中说："宋时有鸡毛笔。"其实以鸡毫做笔一直用到了当代，当代用鸡毫笔来书写的名家有天津的龚望老先生。二十年前，我托龚先生的弟子彭向阳先生求到了老先生的几幅墨宝，这几幅作品都是用鸡毫笔所书。我未曾见过老先生。彭向阳告诉我，用鸡毫笔写字很不容易，因为这种笔蘸墨之后就变得很软，书写者必须手腕上有千钧之力才能写出好字。而今老先生已归道山多年，我已不可能看到他亲自用鸡毫笔书写的场景了。

羊毛也是制笔的主要原料之一，清胡朴安在《朴学斋丛刊》中写道："惟羊毫为今通行之品。其始因岭南无兔，多以青羊毫为笔。嗣以圆转如意，于今不绝……今则用羊毫者日益多，取其柔软而经久。"但是因羊毫的产地不同，其价格也十分的悬殊，清王士禛在《香祖笔记》中写道："今吴兴兔毫佳者值百钱，羊毫仅二十分之一，贫士多用之，然柔而无锋。"羊毫的价钱仅是兔毫的二十分之一，如此便宜，所以穷读书人大多用此。

但到了清代中晚期，羊毫笔又渐渐流行了起来，比如清包世臣在《艺舟双楫》中说："壬戌秋，晤阳湖钱伯坰鲁斯，鲁斯书名籍甚，尝语余曰：'古人用兔毫，故书有中线；今用羊毫，其精者乃成双钩。'"看来，想要写好书法，书写的方式也很重要，如果是大书法家，哪怕他用的是普通笔，也同样能写出好字来。

能够用来制笔的毛还有许多品种，沈婷在其专著《文房四宝：笔》中说道："从笔毫的原料上来分，就曾有兔毛、白羊毛、青羊毛、黄羊毛、羊须、马毛、鹿毛、麝毛、獾毛、狸毛、貂鼠毛、鼠须、鼠尾、虎毛、狼尾毛、黄鼠狼毛、狐毛、獭毛、猩猩毛、鹅毛、鸭毛、鸡毛、雉毛、猪毛、胎发、人须、茅草等。"

这里用了一个"等"字，即此说明，还有太多的毛发也可以作为制笔原料，我在博物馆内的所见仅是数种而已，但也由此说明，古人为了书写，想出了太多的办法。比如，明代的陈献章（世称白沙先生）还曾用植物纤维来做笔头，这种笔被称为"白沙茅龙笔"，以他的号来命名此笔，看来他的确是其发明人。

二楼的展厅内还有一些制笔的工具，制笔所用的工作台最让我等感兴趣。邹农耕介绍说，经过他的考察以及相应的经验，他觉得操作台大小的变化决定了制笔人的心态，操作台的尺寸越小就越能让制笔人专心操作，其制出的笔也就有着更加上好的质量。

在这里，邹农耕向我耐心地讲述着制笔名家周虎臣的故事，可惜我在现场忙着拍照，没能记下他所讲述的那些细节。回来查得一些资料，也仅是一些干巴巴的数据。孙敦秀在《中国文房四宝》一书中写道："清朝初年，江西临川笔工周虎臣所制之笔风行当时。周虎臣开始制笔时规模较小，自产自销。1694年周虎臣后人集资在苏州开设周虎臣笔墨庄，以专门经营笔墨。1862年，周虎臣笔墨庄便扩展到上海开设分店，而后总店也迁至上海，并成为拥有一百多名笔工的当时较大型的制笔工场。子继父业，连续七代，后传至外甥傅洪初手中，继承了店业。"在清代中期，周虎臣所做之笔风行天下，可以说他是文港制笔界的骄傲。

沈婷也在《文房四宝：笔》中讲到了周虎臣制笔在历史上的名气："清代，文港前塘邹家人在武汉经营'紫光阁'毛笔连锁店，生意兴隆。还有名叫周虎臣的人在上海开设笔庄，乾隆皇帝下江南时，曾亲笔为其

图七　制笔的工作台

图八　制笔工具

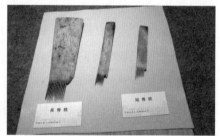

图九　制笔工具

题'周虎臣'匾额，敕其制作精致御用贡笔，定期上奉朝廷。另外，文港镇也有'紫光阁'、'文照轩'等名笔店铺。当时，文港的毛笔不仅畅销国内，而且远销越南、缅甸、日本、新加坡等国家，享誉中外。"

邹农耕当然对周虎臣的历史十分了解，不但如此，他还收集到了周虎臣的家谱以及周虎臣笔庄的广告，还有周在民国年间所开出的发票。

这一切都让我感觉邹农耕在搜集历史文献方面下了很大的功夫，他不仅仅是搜集相关的实物，还以历史资料作依据，对笔史进行了系统的梳理。

可惜的是，毛静先生已经安排好了中午与其他朋友的会面，这使得我等无法再听邹先生讲述更多的毛笔往事。于是我们向他匆匆道别，并与之约定下次我再到江西时，还要再听他讲故事，因为他的所讲远比我查得的资料要鲜活得多。我真不知道他的肚子里还装着多少毛笔的故事，也希望他能将这些故事写出来发表在他的自办刊物上，以便让更多的人知道，一支小小的毛笔却包含着那么多的文化。

既然要讲述毛笔的故事，总要聊一聊它的历史。关于毛笔的起源，当然各有各的说法，晋崔豹在《古今注》中记载："牛亨问曰：'自古有书契以来，便应有笔，世称蒙恬造笔，何也？'答曰：'蒙恬始造，即秦笔耳。以枯木为管，鹿毛为柱，羊毛为被，所谓苍毫，非兔毫竹管也。'"看来，蒙恬造笔就如同苍颉造字一样，也是千年以来固有的传说。

关于苍颉造字，《淮南子·本经训》上说："昔者苍颉作书，而天雨粟，鬼夜哭。"汉代高诱对此作注称："苍颉始视鸟迹之文造书契，则诈伪萌生，诈伪萌生则去本趋末、弃耕作之业而务锥刀之利。天知其将饿，故为雨粟。"高诱认为，苍颉是看到鸟的足迹而受到启发，于是创造出了汉字，但有了汉字也就有了欺诈，鬼都因为苍颉造字这件事而哭了。

孙敦秀在《中国文房四宝》中却给出了与历史记载完全不同的一种说法："淮南子《本经训》中有其记载：'仓颉作书，鬼（鬼即兔）夜哭。'是说当时人们作书时，所用笔的原料均以兔毛为主，兔子唯恐取自己身体上的毛制笔，害及身躯，危及生命，故日夜啼哭不止。这虽是神话，但从另一方面反映了当时杀兔取毫造笔的普遍性，同时也佐证了新石器

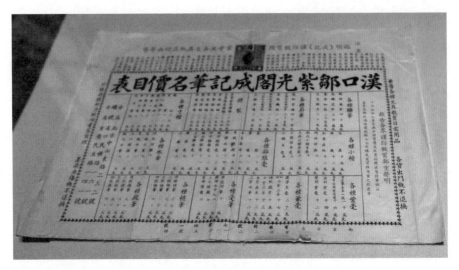

图十　民国二十五年（1936）汉口邹紫光阁笔庄成记价目表

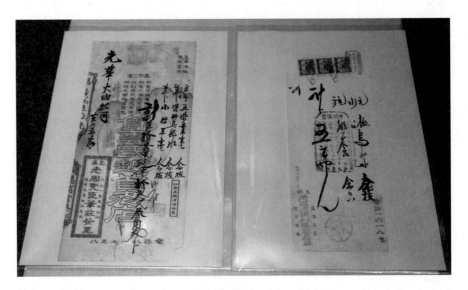

图十一　民国二十六年（1937）上海周虎臣锦云氏发票

时代有制造毛笔、使用毛笔的历史。"

在这里，孙敦秀把"鬼"解释成"兔"，这种说法不知出自何处。他认为古人用兔毛作笔，这样会杀掉很多只兔子，所以苍颉创造了文字，而把兔子吓得在夜晚哭泣。不得不说，这种解释很有趣。

关于毛笔的制作，按照历史记载，大约分两种方式，其一是"韦诞法"。韦诞是三国时魏国的名人，据说他在制笔方面很有自己的见解。贾思勰所撰的《齐民要术》中讲述了韦诞的制笔方式，"先次以铁梳兔毫及羊青毛，去其秽毛，盖使不髯。茹讫，各别之。皆用梳掌痛拍，整齐毫锋端，本各作扁，极令均调平好，用衣羊青毛，缩羊青毛去兔毫头下二分许。然后合扁，卷令极圆。讫，痛颉之。以所整羊毛中，或用衣中心，名曰笔柱，或曰墨池、承黑。复用毫青衣羊青毛外，如作柱法，使中心齐，亦使平均。痛颉内管中，宁随毛长者使深。宁小不大，笔之大要也"。看来，韦诞是用两种不同的兽毛来做笔。这应当是一种披柱法。

另一种制笔方式被称为"诸葛法"，这也就是邹农耕给我讲述的"散卓法"。对于此法的来源，宋叶梦得在《避暑录话》中说："……盖出于宣州，自唐唯诸葛一姓世传其业。治平、嘉祐前得诸葛笔者，率以为珍玩。"看来，是一位唐代姓诸葛的人发明的这种制笔方式，他的笔当时被称为天下第一。

宋代，方出现了"散卓法"。到了元代，湖笔才风行于天下。对于江西笔的产生时代，沈婷在其专著中说："江西的文港和李渡毛笔已有一千七百多年的生产历史。传说秦代蒙恬发明毛笔不久，懂得制笔技术的咸阳人郭解和朱兴由中原流落到江西临川一带，并在当地传授制笔技艺。经过世代相传，逐步形成了一套独特的制笔工艺，博得了历代文人墨客的青睐。"

蒙恬发明笔后不久，这种技术就传到了江西的临川。具体到文港笔，沈婷又说："文港毛笔历史悠久，世代相传，工艺纯熟，配料均匀，制作精湛。采用优质山羊毛、山兔毛、黄狼尾毛、香狸子毛等为主要原料，按传统工艺制作而成，笔头尖、笔锋齐、笔身圆、毛体健，软、硬、柔集于一体，刚中有柔，能硬能软，吸水性强，书写流利，锋如一根线，下笔铁划银钩，收得拢，撒得开，得心应手，挥洒自如。"文港笔能够风行天下，正是由于其精湛的工艺。

可惜我不会写毛笔字，无法体会到这样的笔是如何好用，真盼望自己哪天真的像金庸小说中一样，被某个世外高人注入毕生内功，突然间就有了惊人的书法功力。

徽墨三分，詹族独擅

按照原本的计划，2017年3月25日，我在开化开完会后从衢州乘高铁前往上饶，可是到达开化之后，查看了一下地图，此处距婺源不足百公里的路程，且有高速公路相通。于是我去电毛静先生，跟他商议改变行程：我从开化直接进入江西，在婺源一带寻访之后，再前往上饶。毛静赞同我的建议。此前，我已经约好了上饶市博物馆的潘旭辉先生一同寻访，于是我接着给潘先生打电话，告诉他行程有变，我们三人分别从三个地方出发，约好在婺源高铁站碰面。

早上8点从开化县出门，县委宣传部已经帮我安排好了送行之车。司机开车很稳，他告诉我说，开化虽然距婺源很近，但因为分属浙江、江西两省，以往的交通并不方便，前行的这条高速公路刚开通不足三个月。果真，在此路上没有遇上几辆车，只是在婺源下高速后需要穿越整个县城，才能来到高铁站。在高铁站前广场上，我远远看到了一尊高大的雕像。走近细看，原来是中国铁路之父——詹天佑。显然，这刚开通不久的婺源高铁站不可能是詹天佑所修。

　　毛、潘二位先生在时间上都算得很准，我在高铁站等候了不长一段时间就分别见到了他们俩。毛静已经找到当地的朋友并安排了一辆车，他说我在当地访的几个地方分别处在不同的方向，没有车会很不方便。而后我们乘上这位朋友的车先驶入了婺源县城，并在这里又接上了另一位先生。毛静介绍说，这位先生是婺源文史专家毕新丁，业界都称他为"毕姥爷"，这个称呼因为春晚小品的原因已经家喻户晓，只是从今年开始少有人再拿此名来调侃。闻听毛静的介绍，车上的几人都笑了起来。

　　今天寻访的第一站，就是到虹关去探访制墨作坊，在路上我还惦记着詹天佑雕像为什么会站在那里。对于我的这个疑问，毕新丁马上给予详细的回答，他边说边递给了我一本他的大作，书名是《婺源虹关》。他说这本书中简略地谈到了詹姓的来由，并且告诉我詹姓是几百年来有名的制墨家族。我问制墨跟建铁路有什么关系呢？毕新丁说他无法回答我的疑问，看来我的思想跳跃度太大了。

　　回来后翻看毕新丁的这部大作，该书以光绪五年（1879）所刻《鸿溪詹氏宗谱》为依据，简述了詹氏一族的历史。原来，詹氏的祖先原本是周宣王的次子，名文，食邑被封在了詹地，所以后世子孙便以詹为姓。婺源詹姓的始祖名初，字元载，号黄隐，在隋朝大业二年（606）迁居到了庐源，庐源就是后来的庐坑村，詹天佑就出生在庐坑。这庐坑村距虹关村很近。

　　为什么詹氏后人又来到了虹关村呢？詹初的第二十一世裔孙名叫詹同，是他首先来到了虹关村。当时的虹关村还叫方村段，因为该村在五代时期由方姓所建。北宋宣和二年（1120），歙县的方腊在当地造反。按照《水浒传》上的说法，这场暴乱是被宋江率领的军队镇压了下去的。在那个时代搞暴动不是件光彩事，为此当地人都很歧视方氏家族，方村段的人因为受不了这样的压力，逐渐外迁，村子也就荒废了下来。当时方村段旁边有一个宋村，詹同就住在此村，他看到方村段荒废了，于是就迁居到了这个村，他也觉得方村段的名声不好，就改此村名为"鸿溪"。从此之后，詹姓就在虹关发展了起来，直到今天，虹关村内93%的人口姓詹。

　　从婺源前往虹关全程是在山水间盘行，路面情况较好，因为弯道太多，车速上不去，原本不到50公里的路程，竟然开行了一个多小时。这期间大概路过了20个大大小小的村落，在其中一个村子的溪水边看到了一座古塔，众人纷纷下去拍照。围着塔转了一圈，既没看到塔名，也找不到介绍牌。塔前成片的油菜花以及塔侧潺潺的流水，构成了一幅完美的江南春景。

　　因为时间的原因，开车的朋友带我们到婺源县浙源乡政府去吃饭。这个乡政府建在一个古老的祠堂之内，在老祠堂内吃了现代化的饭菜，这样的穿越倒是一种新体验。

　　酒足饭饱之后继续前行，没多久就来到了虹关村。现在是油菜花盛开的季节，在这么偏远的山村之内，仍然能看到一队队的游客。我们的停车之地是村前一块少有的空旷地带，旁边有一家烟熏火燎的饭店。此店挂着一块简陋的招牌，上面写着"大有饭店"，旁边最明显的标志是一棵巨大的樟树。虽然是初春，这棵树还未展现出枝繁叶茂的景象，然其枝条覆盖的面积绝对超过了一亩地。树下立着一块刻石，上书"虹关古樟"。毕新丁告诉我，这棵树的年龄已经超过了九百岁。

饭店侧旁的墙上挂着虹关村的规划图，由饭店通往村中的路正做着彻底的翻修，从土层中的大量鹅卵石来看，这里曾经也是河底。走入村中，看到了大量的古民居，尤其村中的那条古街，仍然保留着原有的风貌。这条小街很窄，街两边的房屋又很高大，这样的反差让人瞬间有穿越到古代的感觉。

进村不久就看到一个老房子的门楣上写着"詹大有饭店"的字样，这让我想起了古樟树下的那家饭店与之同名。毕新丁说，这确实是一家，他带我们前来就是要参观这家。虽然是午饭时间，这家名为"饭店"的老居却大门紧闭。敲击一番后，里面没有回响，于是毕新丁带我们继续前行，说是先去参观另一家。

前行不远，在一个巷口看到了"继志堂"的指示牌，毕姥爷说这也是当年虹关著名的制墨堂号。沿着路标找到了继志堂，然而这家门口的牌子上写着"度假宅邸，非请勿入"。毕姥爷视若无睹，带我们径直走进了院内，在里面看到了整旧如旧的徽派建筑，继志堂的匾额高悬在正堂之上。此时从屋内走出一人，毕姥爷跟他说出了要找之人，此人称我们要找的人在展示室。

我等从继志堂走出，前行不远又进入了另一个院落，这里是另一个制墨堂号——务本堂，在此处见到了一位穿着中式服装、吐着满口京腔的年轻人。此人看上去30多岁，说话彬彬有礼，毕新丁介绍说，这是吴志轩先生。吴先生带着我等参观了务本堂，边看边讲解，我明显地感觉

图一　务本堂内的一些展品

图二　展出的取烟设备

到这里展示的一切都是标准博物馆的做法：精致的展板与特意安排的摆放。这样的场景更适合于游客参观，然而我来到此村更想看到的是墨的制作过程。吴先生说，生产墨的车间放到了安徽，这里仅是民俗体验，不是墨的具体生产之地。

毕新丁当然明白我的心思，参观完务本堂后，带着我等又重新回到了詹大有饭店，恰巧这次饭店开了门。走进饭店，在这里见到了一位30岁上下的年轻人，毕新丁介绍说，这是詹大有的第七代后人，名叫詹汪平。这位年轻的詹先生看上去很质朴，说话的语速颇快，有时我听不明白他的所言，只好请他再说一遍。

在詹氏老宅之内，我看到了不少刻意破坏过的木雕，唯有一个像月亮门状的大型屏风保护得十分完好。毛静解释说，"破四旧"时，主要是铲除各种砖雕、木雕上的古老人物造型，因为那些代表了"封资修"，而这个插屏上没有人物，所以才幸运地躲过了那场劫难。

詹汪平从柜子内拿出了一个手卷状的套墨，他说这是刚刚收购到的，请毛静帮着鉴定一下是不是古物。潘旭辉因为在拍卖公司工作过，所以对此颇为熟悉，潘直截了当地告诉詹：这是新仿的，但即便是原物，其文物价值也不大。这个结果似乎丝毫没有影响到詹汪平的心情，他又拿出其他一些墨品请潘旭辉鉴定，潘仍然是客观地告诉他这些墨的真伪和价值。

詹汪平展示的物品中，众人最感兴趣的乃是一张詹成圭所做的墨品广告，这倒是一件难得的古墨史料。我问詹汪平，他居所的门口为什么写着"饭店"的字样。詹汪平直率地说：靠制墨不能生存，因为虹关山清水秀，所以他用旧房子开起了客栈，主要是吸引一些美术学校的学生来此写生，为了能让这些师生们吃饭，于是他又开起了饭店，而今饭店成了他的主要经营业务。

当然，我最惦记的还是制墨，于是向他提出可否看看他如何制墨，他说没问题。他带着我等走出了旧居，沿着刚才所来之路，竟然又走到了那棵巨大樟树下的饭店门前，詹汪平介绍说，自己的饭店现在主要开

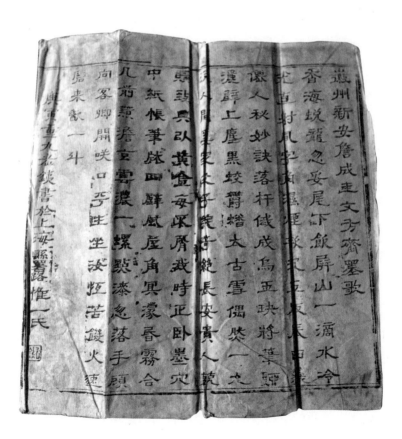

图三　詹成圭墨歌

在了这里。果真，这两家"大有"同为一家。这巨大的樟树之下仅有他一家饭店，可以说这是本村最佳的风水宝地，这样好的地段竟然只有他在此开店。詹汪平说，这也是祖上留下来的产业。

今天天气较为暖和，大有饭店的门口坐着几桌游客，饭店里面却一位客人也没有。詹先生带我们走入饭店，穿过正堂，走入了里间。这个房间约 20 平方米大小，里面杂乱地摆放着一些制墨的工具，詹汪平说这就是他的制墨工坊。

我仔细端详着这个工坊，其晾晒架上摆放着一些墨块成品，这些成品果真与我在歙县、绩溪、休宁等地所见不同，因为那些地方的墨制作得更加漂亮，詹汪平所制之墨均为常见的小块长方形竖墨锭。他的操作台上摆放着几十组墨模，看来品种也不少，只是大小都一样。操作台上还摆放着周绍良先生的《蓄墨小言》，可见他应该也看过不少与墨有关的研究著作。这些专著内有很多插图，能够从中看到古人所做之墨的诸多样式，以及许多精美的图案。既然如此，他为什么还只生产这样制式单一的墨锭呢？

詹汪平告诉我，他所做的才是虹关墨的正宗。我问他，每年能做多少块？他说一年大约做二百多块。这么少的出产量，难怪不能靠这个来养活自己。我问詹为什么不请人来工作，这样可以多生产出一些墨来。他说现在请人的工钱不低，自己没有这样的费用，所以只能靠自己，能做出多少就做多少。

我又问到他所做之墨的价格，他说大概四百到五百元一块，其价格之高有点儿出乎我的意料。我在琉璃厂看到的这样大小的墨，很少有超过百元者。詹汪平对我的质疑表示了不满，他说寻常所见之墨，原料都

图四　制墨原料

图五　老墨模

图六　制墨台

图七　刚制出的墨锭

不纯正，因为那些墨中有些是石油墨，而他所做出的是纯正的桐油墨，所以价钱很难便宜下来。

为了证其所言不虚，詹汪平带我们进入了另一个房间。我注意到这个房间的门口写着"烟房"的字样。此房间的大小不超过五平方米，在沿墙的一面摆放着很多用铁丝架支起来倒扣的瓷碗，詹汪平说这是他发明的取烟设备。从碗的瓷质看，他制作的时间应该并不长。詹汪平提起一个碗，我从下面看到了一个深色的金属盒，詹称这就是祖上留下来的原物。我扫了一眼，这样的碗大约仅有十几个，即使每天燃烧着桐油，估计也做不出多少烟来。詹说确实如此，仅靠这些工具做出的烟，一年

图八　取烟设备

图九　制墨工具

也就能制作出二百多块墨。

　　而后詹汪平又带我等看了一些其他的制墨工具，总体来看，这些工具都颇为简单。如此说来，制墨也不是一个技术含量很高的活儿，应该能请到相应的工人。售价与成本之比，我不好意思问得太清，因为这涉及商业秘密。但我觉得如果扩大生产，应该还是一门不错的生意，毕竟"詹大有"是制墨的老字号，至少在虹关墨中也算是一块金字招牌，为什么不把这个优势做得更加充分呢？

　　詹汪平说，做多了也不好卖，因为自己没有在网上开店，仅是靠熟人介绍来做销售。他的这种经营之道我不太搞得明白，但詹汪平向我强调，做墨的成本也不低，因为他所做的墨之中还要放上中药，并且还要添加人工麝香，熊胆他买不起，墨模找人制作每一个也要花一千多元，这些成本都要平摊在每一块墨锭上，所以制墨并不容易赚钱。我问他，既然如此，那为什么还要做这门生意呢？詹汪平痛快地跟我说："这当然是为了情怀。"

而后他向我讲述了詹氏一族制墨的历史，他的语速仍然很快，但说得颇为清晰。看得出，他对本家族的制墨史十分地了解，并且对此也有着自豪感，只可惜他没能将这个悠久的传统真正地发扬光大起来。但我觉得凭着詹汪平的聪明，说不定他哪天就会又想出新的策略来呢，我也盼望着他能将虹关詹氏的制墨名声再一次地传遍天下。

徽墨是千年名品，而徽墨又有三大制墨之地，分别是歙县、休宁和婺源，虹关墨就是婺源墨的代表。虹关何以有了制墨这个行业，何新仁在《文房珍品——婺源墨》一文中做了如下的概述：

早在南唐时期，奚超、奚廷珪父子从河北易水来到江南新安郡（当时婺源县亦属其管辖）以易水法制成墨锭，"丰肌腻理，光泽如漆"。一代词人、书法大家南唐后主李煜对之推崇备至，爱不释手，给予很高的评价，赞"李廷珪墨、澄心堂纸、龙尾砚、诸葛笔为天下之冠"。并特赐以国姓李，这在封建社会里，是一种很高的嘉奖和荣耀。经这位风流天子兼才子的推崇，李墨一下身价百倍。一些文人学士不惜重金，为争得一块为荣。由于我国有以地名名物的习惯，此时李墨又称新安墨。新安墨是古徽州一带所产墨最早的总称，也是婺源墨的前身。

这一段话讲述的是徽州墨的来由，对此王俪阎、苏强所著《明清徽墨研究》一书中也有相类似的介绍："唐末五代战乱频繁，社会动荡，北方百姓为躲避战乱，纷纷南迁。在这样的背景下，易水制墨名家奚超也携子渡江迁居歙州。奚氏的南迁，带动了南方制墨的发展，制墨重心南移，徽墨初露端倪。"

由此可知，徽墨来源于北方的易水墨。那么，徽墨与易水墨有怎样的区别呢？该专著中又有如下的描述："奚氏南迁后重操旧业，改进了制墨方法，他们采用优质的宣州、黄山、歙州、黔山、松罗山所产优质松烧烟作原料，搭配珍珠、玉屑、龙脑等材料，并和以生漆'捣十万杵'制出的松烟墨明显优于旧时，很快得到当地人的认同，受到朝野上下的广泛欢迎。奚氏制墨进献南唐，得到后主李煜赏识，赐奚超以国姓'李'，又昭其孙李惟庆为墨务官，专门制墨供御用，由是以北方奚氏墨为基础生产的李墨才在江南占据了不可动摇的地位。"

关于徽墨，王俪阁、苏强在其专著中将其分为了三个墨派：歙派、休宁派和婺源墨派。而关于婺源墨派的来由，何新仁在其文中引用了《新安志》和《婺源县志》上的记载："新安墨以黄山为名，数十年来造者乃在婺源黄岗山，戴彦衡、吴滋为最。"

由此而得出结论：徽墨原本以黄山为中心，后来渐渐转移到了婺源。为什么会出现这种转移呢？这是因为婺源一地在制墨原料上十分的丰富，当时制墨的基础原料是松烟，只有好的松烟才能制出好的墨品，制作松烟则需要有大量的松树，恰好婺源北部这一带有着大片的原始优质松林，所以一些制墨厂家就渐渐搬迁到了婺源，以便就地取材。然而是哪一家最先搬到了婺源，历史上并没有相关的记载，故而何新仁在其文中称："由于历史的原因，其他一些婺源造墨名工，除戴、吴之外，都未见册。而戴彦衡，作为婺源墨的最早一位见书的大师，自然被婺源墨界尊称为

'墨祖'了。"

关于何为好墨，钱泳在《履园丛话》中说过这样一段话：

昔人有云，笔陈如草，墨陈如宝。所谓陈者，欲其多隔几年，稍脱火性耳，未必指唐、宋之墨始为陈也。今人言古墨者，辄曰李廷珪、潘谷，否则程君房、方于鲁，甚至有每一笏直数十百金者，其实皆无所用。余尝见诒晋斋主人及刘文清公书，凡用古墨者，不论卷册大小幅，皆模糊满纸，如渗如污。盖墨古则胶脱，胶脱则不可用，任其烟之细，制之精，实无所取，不过置案头饰观而已。

《说文》："墨者，黑也。"松烟所成，只要烟细。东坡所谓要使其光清而不浮，湛湛如小儿目睛，乃为佳也。近时曹素功、詹子云、方密庵、汪节庵辈所制者，俱可用。如取烟不细，终成弃物。

婺源墨正是具备了以上这些优点。《明清徽墨研究》一书中这样记载徽墨的特点："入纸不晕、浓墨而光，防腐防蛀、耐久不变。"以上所言均是徽墨的总体特点。那么，婺源墨与另两处的墨相比是怎样的情形呢？何新仁在其文中说道："到了清代，婺源墨不论从规模上还是技术上，都达到了新的高峰。乾隆到嘉庆年间，全县的墨铺在一百家以上，仅詹氏一姓，最盛时就达八十多家，成了闻名全国的制墨世家。此时江南制墨中心在歙县、休宁、婺源三县。由于婺源以生产大众墨为主，所以墨铺数量、墨的产量和销售数量均远远超过其他两县。"

为什么婺源墨能够后来居上，在产量上超过休宁和歙县的呢？现代藏墨大家周绍良先生在《清代名墨谈丛》中得出了如下的结论："婺源地处山区，出产以木炭为大宗，烧烟取煤，极为便利，而制墨又属本地方的传统手工业，能者无虑数十百家，自产自销成本轻，工价低，这是婺源墨可以与歙县、休宁抗衡的基本原因。其制品也有绝精的，与歙县、休宁诸大墨肆所制足相伯仲，所以乾隆也曾向婺源定制'御墨'，这就可以说明婺源墨业的成就。"

看来，婺源因为是原料产地，所以制墨成本低，为此婺源墨在售价上就便宜于他地所出，使其迅速地占领了该行业的市场。对于这一点，《歙县志》卷六《食货志》中也有记载："墨虽独工于歙，而点烟于婺源，捣制于绩溪人之手，歙唯监造精研而已。"

歙县人自称，以精致程度来说，当然是歙县墨最佳，但做墨的原料却是产自婺源，墨品的制作人又主要出自绩溪，所以歙县墨虽然以精品出名，但主要是因为它监造得力。这种做法有如今日名牌的授权，其实国外许多的著名品牌自己并不开办工厂，只是选择能够保证质量的厂家来替自己代工，而后贴上自己的品牌对外销售。看来，早在清代，歙县人就已经用上了这样的经营手段。

替人代工当然就很难打响自己的品牌，故林欢在《清代婺源虹关詹氏制墨家族述略》一文中写道："在中国制墨史上，以歙县、休宁为中心的'徽墨'固然早有渊源，然世间多遗漏了婺源。"为什么会出现这样的结果呢？林欢在文中做出了如下的描述："歙派以隽雅大方、雍容华贵见长，多服务于宫廷权贵；休宁派推崇集锦系列，其墨样式繁杂、华丽精致，多受富豪喜爱；而婺源派多为'市斋名世'墨，以满足社会底层市井、未及第书生生活学习之需。故历代藏家多不屑收藏，一些著述也绝少婺源墨品的记载。"

歙县墨和休宁墨都是以精美著称，走的是高端路线，有如今日的奢侈品品牌，婺源墨则主要服务于社会大众，以产量高著称。因为属于实用品，所以喜欢收藏墨的人少有人会藏婺源墨。但这种观念到了晚近终于有所改变，林欢在其文中写道："迄于清末，收藏家之观感仍因袭未复，故关于婺源墨的收藏，大多存在着名号混乱、世系颠倒以及后人仿造等涉及文物断代的基本问题，周绍良先生哀叹之：'轻视之心，可以想见。'值得欣慰的是，以张绚伯（1885~1969年）、张子高（1886~1976年）、周绍良（1917~2005）等为代表的现代藏墨家生前曾从各自藏品出发，对婺源制墨进行过一番考证，并取得相当成就。'文革'前后，他们将其所藏大部捐献给国家，极大丰富了故宫博物院馆藏。"

对于婺源墨的这个特点，毕新丁在《婺源虹关》一书中也称："詹氏墨品主要面向群众，因此其所制的墨品，往往选择'御赐金莲'、'龙门'、'虎溪三笑'、'壶中日月'、'八仙庆寿'、'八蛮进宝'以至'西厢记'作为墨名。这些具有民间艺术特点的墨名，都是群众所喜爱的主题，因其'俗'而深入普通民众之间，迅速占据了明清两代墨业的中低端市场。"

毕新丁在这里直接用詹氏墨品替代了婺源墨，这是因为婺源墨主要就是产自虹关，而虹关又以詹氏家族所制之墨最为流行，所以詹氏墨几乎就成了婺源墨的代名词，因此毕新丁称："历史上，虹关詹氏以制售徽墨声名最著，可见，徽墨才是虹关史上最主要的社会经济构成。"

关于詹氏制墨，一般都会讲到詹大有，按照《鸿溪詹氏宗谱》上的记载，虹关在历史上有两个詹大有，一个是明代嘉靖时的詹大有，另一个则是清康熙年间的詹大有，"大有墨"指的是康熙年间这一位，正是在他的带领之下，詹家在虹关大量地制作墨块，终于使詹氏墨成为虹关一地最有名的品牌，故而周绍良在《清末名墨谈丛》中称："婺源墨铺大约在百家以上，仅虹关詹氏一姓就有八十多家，在数量上远远超过歙县、休宁造墨家，在徽墨中是一大派别。"

自詹大有之后，虹关詹氏出了许多的制墨名家，在此无法详细地叙述。而有趣的是，虹关詹氏还出了一位世界上长得最高的人，此人名叫詹世钗。近代文献中关于此人的记载颇多，甚至还发现了他的照片，确实高得吓人。毕新丁在《婺源虹关》一书中也讲到了他：

詹世钗（1841—1893），字玉轩，乳名五九，身高达十尺三寸（3.19米，比身高2.31米的美国芝加哥巨人桑迪·艾伦高出0.88米），有"中国巨人"之称，是当时虹关人设在上海的"徽州玉映堂墨铺"造墨工匠。

据澳华博物馆记载，1865年，詹世钗在经商期间巧遇对他感兴趣的英国人，遂聘请世钗于英国伦敦出道表演，随后也于欧洲各国、美国和澳大利亚巡回演出，洋人称其为"中国巨人"（"Chang the Chinese Giant"），这也是他的艺名。世钗于各国巡回演出中见过世面，据称通晓多达十种西方语言。

詹世钗的身高竟然超过了三米，这一点真的让人难以置信。他后来定居在了英国的伯恩茅斯，在那里开了间中国茶馆，这个茶馆同时销售中国古董，他在这里一直生活到52岁，去世于此。清代宣鼎在《夜雨秋灯录》卷四的一篇中写到了他，篇名就叫作《长人》，"长人者，徽人，造墨为业。……每出市上，小儿欢噪走逐之，呼曰'长人来'。一日，西洋人遇之，以为奇，以多金聘之去"。

在虹关，我通过毕新丁先生找到了詹大有的七世孙，这也算我寻访婺源墨遗迹的一大收获。对于虹关詹氏所制之墨，林欢有着如下总结："虹关詹氏所制墨品，自康、乾年间以历晚清，虽然墨家众多，堂号肆名迭出，衍变、分化、倒闭、新开等情况层出不穷，甚至默默无闻者众，但是仍然出现了诸如詹方寰、詹成圭、詹大有等传世名斋，代有传人并发扬光大，其家族传统可谓源远流长。"

这段话中也谈到了詹大有，并且称虹关詹氏墨房后来有太多的分支，这些分支大多是以自己的堂号作为墨品的名称，林欢在其文中写道："虹关詹氏制墨多无名号，而一般以本墨肆名、主人名或堂号作为墨名，这种风格在间接上与唐宋以来直至明中叶以前的制墨古风一脉相承，并在明清徽墨制作历史上独树一帜，亦成为当代研究制墨业发展史的重要资料之一。如詹方寰广立氏有'世宝斋'墨、'方寰氏'、'方寰氏制'墨；詹应甲有'赐绮堂'墨，詹达三有'亦政堂'墨；詹素亭有'宝墨斋'墨；詹大有乾行氏有'詹大有选烟'墨，等等。究其根本，在于詹氏墨品多以实用为目的，虽制墨名号多不讲究，但商业广告效益显著。"

我在詹汪平那里看到他所制的墨，基本上是一种规格，墨的外形也很少有变化。林欢认为这也是虹关墨的一个特点，称此处所制之墨"墨形尽量加以简化"，并且称："徽墨的造型艺术在明嘉靖年间发生风格突变，并发展到无以复加的程度，这也是歙派徽墨为世人所称道的基本原因之一。例如仅明万历间制墨家方于鲁整理出的墨品样式即有385种，进而这些样式分为五大类：规、萬、挺、圭和杂佩。在这五类中，又有许多细目。至于休宁派'集锦墨'的制造，亦讲究墨品的造型，特别是同一主题用千变万化的造型来体现，令人眼花缭乱。然婺源制墨与前者大相径庭，其造型唯以长方形、方柱形见长。"

为什么婺源墨要做得如此简单呢？林欢的分析是："长方形是徽墨的基本造型，也是最为常见的造型之一。它的长宽尺寸没有定制，但以适宜于手握研磨为准。尽管前文所述詹从先'群仙高会'墨体型巨大，但仍摆脱不了长方形的范围。相对于其他造型，制造长方形或方柱形墨的墨模最能节约设计、加工成本，并可以迅速地翻刻、复制，以满足低端市场的大量需要。"

如此说来，詹汪平所制之墨确实是虹关詹氏墨的特点所在，詹氏墨在历史上的定位是以普通使用者为着眼点，可能是出于今天的原料、成本等原因，詹汪平无法将墨的成本降下来，这显然是不能恢复虹关墨原有定位的主要原因。但反过来说，墨锭在今天已经失去了其原有的用途，大多数买墨者都是把它作为艺术品来欣赏，所以制作大量的普通的廉价产品，显然有违今人的审美情趣。詹汪平努力以古方制作墨锭，仅凭这一点，也堪称精神可嘉。是坚守传统还是与时俱进，这的确是个问题，真希望有关部门能够关注虹关墨，使得这个古老的品牌再次引起社会上更多人的喜爱。

纸脉源远，复盛路长

2017 年 3 月 26 日，我在浙江衢州开化县参加了开化纸研讨会，在会上遇到了铅山含珠实业集团开化纸厂的总工程师刘洁如先生，刘总说，他们集团的老板鄢中华先生邀请我有空时到他们的纸厂去参观。巧合的是，我的这趟行程其中一个计划就是参观该厂。

两天之后，上饶的潘旭辉先生带我跟毛静来到了该厂。不巧的是鄢总和刘洁如先生都去外面办事了，更为不巧的是我们到达的这一天是周日，该厂每周就只有这一天停工。虽然很无奈，但既然来到了厂里还是想先看个究竟。潘旭辉去电鄢总，鄢总马上予以了安排，他说自己跟刘先生过一会儿就赶回来，当下先让连四纸非物质文化遗产继承人章仕康先生陪我们参观。

　　章先生不善言谈，他先带我们参观了办公大楼里的展览室。这间展室布置得颇为专业，只是里边的展品谈不上丰富，造纸颜料仅是示意性的一小点儿，纸样也没几张。看来把空白的纸板作为展品确实缺乏观瞻性，为此，布展的时候设计者也动了一番脑筋，因为他将一些用连四纸印的书摆放在了这里，这样看上去色彩丰富了一些，画面也立体了一些。但毕竟展陈的是书而非纸，究竟如何布置纸品的展览，看来需要脑洞开大一点才能想出妙招儿，至少我不具备这方面的才能。

　　在展室的另一半，展陈物均跟茶叶有关。章仕康说："本集团除了纸张也做茶叶的开发，因为当地在历史上曾有一种红茶很有名气，后来也失传了，同样是鄢总慢慢地将其恢复了起来。"

　　参观展览室虽然能了解到一些情况，但当然看得不过瘾。我问章先生今天虽然不开工，但是否可以让我们参观一下生产车间，他点头称可以，于是带着我们走出办公大楼，向厂区的另一侧走去。

　　含珠实业公司堪称花园式的办公场所，因为在办公大楼和生产车间的中间位置有一个面积巨大的花园，里面布置了江南式的小桥流水，其中还排列着一些有年头的石柱。连接办公楼与车间的路上，有一些用从江底捞上来的乌木做成的长椅。由此可见，鄢总也有着收藏之癖。

　　连四纸生产车间是长长的一排横式厂房，大门处在厂房的中段，里面的布局乃是以中轴线作为工序排列，进门的一排仍可看到从纸槽内捞出来的湿漉漉的纸。关于抄纸的操作我已看过多回，早已了解到操作人员的不容易：站在那里整日地弯着腰，双手不断地浸泡在纸浆中。我也曾试着抄过几张纸，且不说抄出的纸完全不能用，就那种不断弯腰的过程我做不了多少下就开始腰疼。推己及人，虽然说那些操作工人比我的

图一　生产车间

图二　抄纸设备

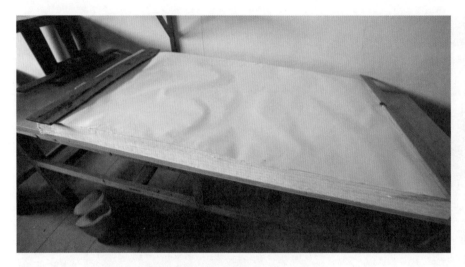

图三　纸

身体强壮很多，但即便如此这也不是个轻松的工作。此刻虽然看不到热
火朝天的工作场景，但从每个工位旁摆放着的厚厚一大摞抄出的纸张，
就足以看出昨日操作者的工作量。

　　对于手工纸的操作，我的态度也很矛盾，有时会希望能够搞一些技
术发明以便减轻操作人员的劳动强度，有时候又认为坚持原汁原味的纯
手工生产方式才是这种纸真正有生命力的地方。含珠实业公司副总经理
兼连四纸厂厂长石礼雄先生写过一篇名为《传承中的思考——传统连四
纸制作技艺浅析》的文章，这篇文章用很多数据详细讲解了连四纸生产
之不易。比如他说："连四纸，是一种以嫩毛竹为原料，经多次生物发酵，
弱碱蒸煮，天然漂白，所谓片纸不易得，措手七十二，一张好纸需历时一
年方可制成。"

生产一张连四纸需要 72 道工序，时间长达一年，这是何等之不易。当然这个时间还包括了造纸原料的砍伐，因为连四纸的原料主要就是毛竹，但并非所有的毛竹都能制造出连四纸。石礼雄把砍伐原料这道工序称之为"砍条"，对于砍条的办法，其在文中称：

每年立夏后到小满 15~20 天的时间内，选大年竹山上刚长出两对以上四对以下新枝的嫩竹从兜部砍断，剔除枝条及梢部，此时的竹子纤维正好成熟，太嫩的竹子会影响纸浆得率，若迟错此阶段砍下的竹条，其纤维则相对老化，直接影响捞纸工艺，纸张会呈现较差的光匀度，同时在焙纸工序上也会出现揭掀湿纸困难的问题，成品纸张的柔韧性，耐久性也相对会缺乏。同批砍伐的嫩竹必须老嫩一致，时间的掌握十分重要，同一山上的嫩竹生长速度不同，要分批依次砍伐。

砍条之后接下来的工序有：坐山阴干、叠塘、淋水烧塘、剥丝、槌丝、洗丝、晾晒、打捆。经过这样九道工序之后就进入了第二个大项目——腌料。而腌料的第一道工序则是踩缸，"在石灰池内放入与竹丝对等重量的生石灰，化成石灰浆水（制一个批次的原料丝为腌一锅料，一般以 1500 公斤竹丝为一锅）然后将干竹丝浸入石灰浆水中，以全部竹丝浸到为度，时经一昼夜"。

踩缸之后则需要浆池，这套工序的操作方法是："将浸过石灰水的竹丝从池中取出，按顺序分层堆码，每叠 3 层竹丝，就从灰池中舀一些石灰浆浇灌在码好的竹丝堆上，并用脚踩实，称之为'灌浆'。'灌浆'一定要均匀。直至一锅料全部浆完堆叠好，任其自然发酵，发酵的时间冬

图四　用照片展示连四纸生产工序

天 25~30 天，夏季 15~20 天，发酵成熟与否靠技工经验把握，通常以竹丝软化，手伸进竹丝发烫之感为佳。"

浆池之后再经过 15 道工序而后进入了第三个大项目——漂白，然后才能进入最终的成品出现环节——造纸。而造纸也分为 10 道工序，以我的感觉，当然是第七道工序抄纸最为重要，对于这道工序，石礼雄在其文中有着如下的描述：

抄纸是指人工使用竹帘（竹帘由帘架和帘皮组成）将纸槽中的悬浮纸料纤维舀起，使其均匀地沉积排列在帘皮上，并将附在帘皮上的湿纸幅揭下堆叠在木板上形成湿纸砣的全过程。

从现在的传统手工湿纸成型的手法（亦称水法）大约有 7~8 种，而适合连四纸生产的也只有其中的 2~3 种。

在抄纸前和抄纸中由抄纸工先要做准备工作是一要匀槽，即在开槽前或在做完一个槽面后（大约 100 张纸）后要将压在竹栏栅下的纸浆用木把搅取一部分，形成 0.3% ~0.5% 浓度的抄造浆液；二是每做一个槽面都要加纸药，即兑纸药，指的是一些植物的根、茎、叶部的浸出黏液，各地产出不同，使用的品种也就不一样，连四纸最常用的是水卵虫桶和猕猴桃藤浸出液。它的主要作用是使纤维均匀地分散、悬浮在料液中并能使湿纸榨干后烘焙时顺利地分张揭开。它的用量多少取决于料浆的性质，由抄纸工凭经验掌握。

纸张抄好之后接下来还有榨纸、焙纸和选纸打包三道工序，至此才能生产出来连四纸。当然了纸张制造出来仅是整个环节中的一部分，经过了 72 道工序之后，最终的目的还是要实现销售，销售之后还有一个重要的环节那就是回款。显然这些都很重要，对于鄢总来说，需要"两手抓""两手都要硬"。而我来此主要的目的是想看连四纸的生产全过程，虽然时间不巧，但能够看看现场也算是"过屠门而大嚼"了。

章先生带着我们继续参观车间，在车间的另一侧是几间专门烘干纸张的房间，而今的烘干方式仍然是用火墙。出于环保的原因，这里烧的火当然不再是木柴，而是较为纯净的天然气，火墙的墙体也已经改为了整块的大钢板。当然古人烘纸的火墙具体是墙还是钢板，我也不太清楚，但我觉得以前造纸主要是较为分散的手工作坊，不太可能用到大量的钢板。因为昨天这里还在开工，所以进入这个车间能够明显感到温度比外面的大车间要高一些，用手轻抚火墙上的钢板，仍然能感受到上面的余温。

图五　烤纸用的火墙

图六　另一侧的设备

　　在车间的另一侧也摆放着一些设备。尤为奇特的是，在这里看到了一方宋代的墓志。这方墓志面积较大，其特别之处有两点：一是其所用材质，这块大方石是用整块的江西砚材雕造而成，用手抚摸这种石头，触感的确很细腻，毛静说这是上等的歙砚石；二是这方墓志上的铭文，全部是用标准的小篆刻制而成，并且刻制得颇有深度，虽然是近千年前所刻制的，但因长期埋于地下，故其字口完全没有磨损和风化的痕迹。众人围着这方墓志赞叹不已，毛静则更为关心此石是否制作过拓片。章先生说，他曾做过几张。毛静马上提出能否让他下次来时亲自拓几张，章先生爽快地答应了他的要求。

　　刚刚参观完车间，鄢总和刘洁如先生回到了厂内，而后大家来到鄢总的办公室，在这里边品尝着他恢复起来的当地红茶，边听他讲解着连四纸这些年的开发过程，听他的叙述更能够知道做任何事情都不容易。但鄢总显然是举重若轻的人物，那些困难从他的嘴里说出来，似乎也没有悲壮的味道。

　　刘洁如是位认真的人，他显然是该厂的技术领导，说话不苟言笑，每次谈到技术问题时，他均能详细地讲解出自己的看法，而他的这些看法有不少都与我不谋而合，可见他对于连四纸的恢复确实做过深入的分析。为了能够达到国家所规定的连四纸的生产质量，鄢总从网上和拍卖会上买到了一些百年前的老纸，他拿出这些老纸和其厂生产出的新纸给我们看。虽然新纸没有经过岁月的浸染，缺乏老纸那种若有若无的珠光感，但总的来说，这种新纸在质感方面已经跟老纸颇为相像。

　　铅山连四纸在古代就很有名气，关于其产生的时代，严琦、林芸在其所著《关于江右商帮纸业的调查研究——以铅山纸业为例》一文中写

图七　宋故德安县太君张氏墓志铭

图八　墓志盖

道："铅山纸的历史可追溯到唐朝。《江西造纸史》里记载，在唐宪宗元和元年铅山南部山区就出现了连四纸。到元代，铅山纸业已名满天下。到明朝，铅山的造纸业与松江的棉纺织业、苏杭的丝织业、芜湖的浆染业和景德镇的制瓷业并称为江南五大手工业区。"

此处称铅山纸产生于唐代，而后经过时代的发展，到了明代铅山纸已经成为当地最重要的手工业产品。为什么铅山所产连四纸能够在清代得以迅猛发展，该文认为这跟清代图书业的发达有着一定的关联性："到清朝，图书事业迅猛发展，铅山纸业达到空前繁荣。在其鼎盛时期，全县生产连四纸的纸槽在1400张以上，县里40%的人口从事纸业，仅河口一地的纸行、纸号就多达百家以上。"

关于铅山连四纸的产生时代，孙敦秀所著《中国文房四宝》一书中也有提及："清朝产于江西铅山、福建邵武等地的连史纸，在宋元时已经问世，当时称连四纸，纯以嫩竹为原料制作而成，纸质洁白，柔软匀薄，同样是毛笔书写的最佳用纸，也是当时拓印碑帖的常用纸张。"

这里称江西铅山所产的连史纸产生于宋元时代，这就比上文讲到的唐代晚了一些，而按照业界的说法，连史纸跟连四纸是同一种纸张。对于此纸的产生年代，张玉亮在其所编著《造纸术的发明——源流·外传·影响》一书中首先说："连史纸厚薄均匀，洁白如玉，吸水易干，着墨鲜明，久不变色。旧时，凡贵重书籍、碑帖、契文、书画、扇面等多用此纸。连史纸产自江西、福建，尤以江西铅山县所产为佳。元代以后，我国许多鸿篇巨著、名贵典籍多采用连史纸……"

这段话讲述了连四纸在社会上受欢迎的原因，然后这里提到元代之后该纸才得到了广泛的应用。对于连四纸的创造年代，张玉亮在文中又给出如下的具体年份："唐宪宗元和元年（806年），铅山南部山区就出现了连史纸生产，这是中国造纸史上的一件大事。"

可惜的是这段话也没能注明出处。但对于该纸在古代的流行情况，此文中却有着如下的表述："早在元代，铅山连史纸即以'妍妙辉光'的品质名扬天下，明、清鼎盛时期，铅山境内产连史纸的纸槽在1400张以上，而毗邻的福建境内只有500余张。铅山纸销路很好。《清朝续文献通考》卷三八四记载，在洋纸流行之前，铅山县所产纸张'年可售银四五十万两'。"

虽然在产生时代上有这样的分歧，但是直到明清时代连四纸才得到了广泛的应用，这一点在各家的说法中都没有异议。潘吉星先生的《中国造纸史》中，第六章为"明清时期的造纸技术（1368—1911）"，在谈到这个时期的造纸概况时潘先生说道："明清时的造纸槽坊，大多集中于南方的江西、福建、浙江、安徽、广东、四川等省……"潘先生在这里把江西省的造纸排在了第一位，为什么这个时期江西的纸张有着如此大的规模呢？潘先生在其专著中引用了明代屠隆《考槃余事》卷二《纸笺》中的一段话：

永乐（1403—1424）中，江西西山置官局造纸，最厚大而好者，曰连七［纸］、曰观音纸。有奏本纸，出江西铅山。有榜纸，出浙［江］之常山、［南］直隶庐州英山（今安徽境内）。有小笺纸，出江西临川。有大笺纸，出浙之上虞。今之大内用细密洒金五色粉笺、五色大帘纸、洒金笺。有白笺，坚厚如板，两面研光，如玉洁白。有印金五色花笺。有瓷青纸，如缎素，坚韧可宝。近日吴中（今苏州）无纹洒金笺纸为佳。

松江谭笺不用粉造，以荆川连纸褙厚，砑光，用蜡打各色花鸟，坚滑可类宋纸。新安（徽州）仿造宋藏经笺纸亦佳。有旧裱画卷绵纸（皮纸），作纸甚佳，有则宜收藏之。

　　看来在明永乐年间，江西的造纸业就由官府派人设局单独管理，可见其影响力之大。对于江西铅山所出纸张品种，屠隆仅提到"奏本纸"，这三个字指的是一种纸张的使用方式，显然不是纸名。然而给皇帝写奏折用纸当然是最好的纸张，而该纸指定由铅山来提供，这足以说明在明代初年铅山所产纸张的质量已经闻名于天下。

　　其实铅山所出的纸张不仅有奏本纸，明陈弘绪在《寒夜录》中说："国初贡纸，岁造于吾郡西山，董以中贵，即翠岩寺遗址以为楮厂。其应圣宫西皮库，盖旧以贮楮皮也。今改其署于信州，而厂与寺俱废"。

　　看来江西在明初给朝廷所上的供纸中还有一种皮纸，对于这种纸张的用途，潘吉星在其专著中有如下表述："明成祖永乐元年（1403），大学士解缙（1369—1415）奉旨主持的万卷本大百科全书《永乐大典》（1405）用纸，经笔者考定即以江西西山纸厂所出楮皮纸抄写，此纸洁白、纸质匀细、厚实。笔者认为，西山纸厂似为抄写《永乐大典》而于永乐元年（1403）所特设。至宣宗宣德年（1426—1435）西山贡纸演变成宣德纸。大约从隆庆、万历之际，该纸厂移至江西广信府铅山县，仍以原法造高级楮皮纸。"

　　到了明代隆庆、万历间，铅山县也开始制作楮皮纸，看来当地所出纸张还有着不少的品种。究竟铅山还产过什么纸，明王宗沐、陆万垓所编《江西省大志》卷八中有如下一段话：

造纸名二十八色，曰白榜纸、中夹纸、勘合纸、结实榜纸、小开化纸、呈文纸、结连三纸、绵连三纸、白连七纸、结连四纸、绵连四纸、毛边中夹纸、玉版纸、大白鹿纸、藤皮纸、大楮皮纸、大开化纸、大户油纸、大绵纸、小绵纸、广信青纸、青连七纸、铅山奏本纸、竹连七纸、小白鹿纸、小楮皮纸、小户油纸、方榜纸。又有大龙沥纸、青红黄绿皂榜纸、楮皮纸、藤皮纸、衢红纸。

这里列出了江西省在明代所出产的二十八种纸名，其中小开化纸和大开化纸最受业界所关注，这段话有可能是最早提到开化纸的文献，然其将开化纸又分为大、小两个门类，这是其他文献中未曾有过的表述。

谈到铅山所出纸张，除了提到著名的奏本纸之外，另又提及本地所产的其他几种纸张，其中连七纸跟连四纸不知有着怎样的区别。这种纸张的生产工艺还被清代文人写入了诗作之中，比如清人程鸿益就写过八首《铅山竹枝词》，其中两首如下：

未成绿竹取为丝，三伐还须九洗之。
煮罢筼锅春野碓，方才盼到下槽时。

双竿入水揽纷纭，渣滓清虚两不分。
掬水捞云云在手，一帘波荡一层云。

这两首竹枝词被后世学者视为描绘铅山连四纸最形象的诗作，因为其所用词语很多都是连四纸生产过程中的具体操作步骤。对于铅山纸的目视观感，明末清初的郑日奎则写过六首《信民谣》，其第一首就是《铅山纸》。

铅山纸，堪束册。

厚如钱，白如雪。

尤物劳民民力竭。

几功能得一翻成。

官府一声千万帧。

但愿交官官不怒。

价值有无谁能诉？

这首民谣形容纸张"厚如钱"，显然说的不是连四纸，因为几张连四纸叠加到一起也达不到"厚如钱唇"的程度，但歌谣中说铅山纸"白如雪"这倒是一个事实。这首民谣的后几句则是说，因为官府对这种纸张需求量很大，所以当地的官吏不断逼迫铅山人大量生产这种纸，如此说来，这首民谣所说的铅山纸很可能就是上面提到的奏本纸。

铅山造纸盛行，当地的劳动力不够用，故在清代时有很多人从外地迁来，由此还产生过治安问题。刘坤一在《拿办铅山戕官刁民片》中说："再，铅山县湖坊司所辖之茅排地方，毗连闽界，山深箐密，各处客民均在该山做纸、挖煤，以为生计。内多无籍游民，倏来忽去，良莠不齐，人心浮动。"

铅山与福建交界，这一带大山重重，有很多人从事造纸和挖煤工作。在同治四年（1865）十月间，因为当地官员没有处理好一件纠纷，结果引起了民暴，刘坤一在此片中详述了事情原委，同时称："同行首伙六十八人，用蓝白布裂旗，各持器械，以'天明大士'为口号……"

看来这些人是在效仿陈胜、吴广"斩木为兵，揭竿为旗"，聚集了几十人与官家斗争，但很快被镇压下去。对于此事，刘坤一总结说："臣查铅山县茅排地方，游民聚处，凡做纸、挖煤者，类多亡命之徒，最易煽惑滋事。该犯黄幅仔等因巡检讯断失平，辄敢借端纠众戕官，图劫河口镇，藐法横行，形同叛逆，实属罪无可逭。"

看来那些人是打算占领河口镇，如果能够成功，必然会影响当地的纸张销售，因为当年铅山所产之纸基本是从河口镇运往各地。

既然在明清时代铅山纸有着如此的大名气，那为什么后来这种纸张少有人提及呢？当然铅山纸的衰落也有其客观原因，因为西方造纸技术的传入，机械化的大规模生产使得纸张的生产成本大为降低，而连四纸生产周期如此之长、生产设备如此之落后，显然无法跟洋纸竞争，迫使这种传统名纸生产规模迅速萎缩。

中华人民共和国成立后，印刷用纸几乎清一色的是用机制纸，手工纸的制作则转为为普通的民众制造生活用纸。严琦、林芸在其文中写道："'文革'后，铅山造纸业走向低迷，并最终衰败。现在，上等毛边纸找不到市场，村民所做的纸只剩民间用于收谱、祭祀、丧葬、上坟等的一般毛边纸。而铅山纸业的精品连四纸，则于1992年随着最后一张连四纸槽在天柱乡浆源村歇业而彻底停产。如今，连四纸的生产技艺濒临失传，掌握此工艺的民间艺人从鼎盛时期的2万余人锐减至不足十人。"

由此可见，手工连四纸的停产时期是在1992年，出现这种情况的原因，张玉亮所编著《造纸术的发明》一书称："1988 年，连史纸唯一的外销渠道——供销合作社撤走，由于交通不便，信息闭塞，连史纸的外销受到极大影响，最终停产。造纸中心浆源村至今还存有 10 万多张生产于1988 年的手工连史纸和数吨竹丝和白饼等未完成的连史纸材料。村民的外出务工，更使连史纸的制作技艺面临失传的危险。据有关报道，目前只有徐堂贵、张家苟、周细握 3 人还懂得连史纸的制作技艺。"

　　如此著名的历史品牌，显然鄢中华先生不能任其彻底地消失。我虽然仅跟他见过一面，但能够感受到他也是一位有情怀的人。搞企业当然有各种各样的压力，以他的聪明他完全可以去做更赚钱的生意，然而他却选择了去恢复这种古老的造纸工艺，仅凭这一点就让我对他肃然起敬。

　　对于他创办公司，恢复连四纸工艺的时间及成就，孟颖、程强在《"纸寿千年"连四纸与河口古镇的历史发展与渊源》一文中说："2008 年，江西含珠实业有限公司成立，恢复和修建了连四纸产业示范基地和连四纸手工制作技艺生产线。2011 年 5 月江西省轻工业研究所与江西含珠实业有限公司合作，试制成功了采用现代造纸技术与传统工艺相结合的新一代连四纸。"

　　我们在聊天中，鄢总也讲到了企业的经营困难，毕竟手工纸的用途远不如机制纸那么广泛，在人工成本不断增加的情况下，手工纸的使用量却没有大的增加，虽然在营销方面该厂用了很多办法，但到目前为止，仍有诸多困难。虽然我只能无关痛痒地安慰几句，无法替他分忧解难，但我还是希望他能够坚持把这项事业做下去。毕竟"只有民族的才是世界的"，所以我们不能数典忘祖，抛弃掉这种古老的传统技艺，相信终有一天这种手工连四纸又会成为江西最重要的历史文化名片之一。

河口纸市

销主制辅，转售天下

2017 年 3 月 26 日，我在上饶市的信江书院乘上郑文青书记的车，与潘旭辉和毛静先生一同奔河口镇而去。不知什么原因，郑书记没有驶上高速公路，但国道也很好走。从上饶到河口的距离，我估计在三四十公里之间。路两边是低矮的丘陵，从一些横断面上可以看到陶红色的土壤。毛静说，一般的教科书上写这是先烈的鲜血把土壤染成了这样的颜色。

跨过一条宽宽的大河，在桥头左侧的一座丘陵顶上，立着一尊十分高大的雕像，潘旭辉说："这是辛弃疾。"不知道这尊雕像为什么要造得如此高大，我还没有琢磨过味儿来，车已经停在了河口老街的入口处。

可能是休息日的原因，入口处的几个停车位都已经被占满，郑书记只好把车挤到了一个角落。站在这里四望，在河边的堤岸上有两个石雕

图一 "万里茶道第一镇"

的影壁，前面的一个刻着"万里茶道第一镇"，后面一个则是对此的介绍，上面刻着：

　　万里茶道是欧亚大陆重要的国际商道。万里茶道以中国福建下梅村起，再从江西铅山河口镇经水路到达汉口，经陆路、穿沙漠戈壁到达中俄边境的通商口岸恰克图，并继续延至圣彼得堡，使茶叶之路延长到13000公里之多。成为名符其实的"万里茶道"。

　　潘旭辉解释说："河口在古代是重要的大码头，古代的茶叶都会运到此镇，然后由此对外集散。"如此说来，古代的纸张以及书籍在这里渐渐形成了巨大的市场也就不足为怪了。

在停车场对面的位置也有一座新刻的石牌坊，上面刻着"河口明清古街"的字样，站在街口向内张望，却看不到有什么特别之处。毛静来过这里，他说好看的地方在里面，只是需要我能够有走这么长路的脚力。果真，刚走入巷口也就二三十米的距离，就看到了原汁原味儿的古老建筑。一般而言，修旧如旧的古街大多会在入口处搞得颇有画面感，以便吸引住游客们的眼球。而今一切都讲求快快快，旅游也成为快餐消费，而河口古街却不这么做，这要有着怎样的信心才能如此的洒脱呢？

我也说不清自己的心态，就是总喜欢看一些带有沧桑感的景色，虽然有的朋友跟我说："这样的心态有些冷血，因为住在老屋里的居民不会觉得多么舒服。"也许如朋友所言，毕竟我没有住过这样的老屋，并不知道住在里面的滋味儿，但我在很多老房子内见到的住客，都是一脸的恬然自安与自得其乐，难道他们的神情都是表演给游客看的？而我在这河口老街上也走入了一处古居，里面是鲜活的生态，尽管里面堆放的杂物破烂不堪，但住户们却坐着小板凳在天井中吃着饭哄着孩子，从言谈中能够感觉到，他们对生活没有那么多的怨气。

这条老街又窄又长，有些地段已经改建为新居。但从整体上看，这条老街保护的完整度在八成以上，尤其一些老的砖雕保护得十分完好。

河口古街入口一百多米的路段已然换成了新的街面石，后面的部分却是原汁原味儿的古石。在我看来，只有后面的古石才能配得上这古街的风貌，真不知道这些维修者是怎样的心思。走在这些坑洼不平的老旧石板路上，我能感到自己急躁的心态也很快沉静了下来，边走边欣赏着这里鲜活的街景。

图二　老街景象

图三　福建会馆

图四　吉生祥商号

　　在两栋房子的夹缝间有一条下行的石台阶，毛静走到下面去探看，原来这里下穿堤岸，跟那条大河暗通款曲地连通了起来，看来这里是当年的码头。毛静在下面果真看到了相应的介绍牌，上面写着这个码头建于明代，而后一直在扩建。在其侧方还看到了一块石碑，可惜上面的字迹已经难以辨认。

　　老街的两侧还有一些旧的招牌在，我希望能够在上面看到跟纸号有关的字样，可惜走出了两里地也未能如愿。虽然在书籍史上，河口古镇是著名的纸张集散地，但看来这个大码头乃是百货集散地，纸张只是百

图五　当年的码头——官埠头

货中的一项，故而这里也就没有什么特别的标榜了。

但少并不等于没有，果真还是在一处老房子的门口看到了一块跟书店有关的介绍牌，此店名为"尖兵书店"。这样的名称太具时代色彩，果真底下的小字印证了我的判断："尖兵书店为河口抗日战争时期开业的一家书店，经理王显章，该书店表面同其它书店一样，实则为国民党中统组织驻河口特务机构，属中统局江西省党部调查统计室领导。"原来这家书店也曾为抗日做出过贡献。我没有查到他们卖过什么书，估计这家书店不会卖古籍线装书，否则的话，其货品跟店名太不相符，岂不让敌人很快就发现了？

前行不远，又看到了世界书局的介绍牌。世界书局乃是上海著名的出版机构，能够在河口古镇设分店，也足见这个古镇的重要性。介绍牌中写道店主名叫廖庚飏，在土地革命时期曾支持过红军。看来河口镇这些书店有不少都跟政治挂钩，如果从这个角度来研究河口老书店，倒是个特别的题目。可惜我来到这条老街上，是为了寻找古代的纸市，而非旧书店。

站在这世界书局的门口，我跟同来的三位老师诉说着自己的遗憾，没想到，我的这种抱怨却得到了意外的收获。正当我唠唠叨叨之时，从世界书局隔壁的一间老屋内走出了一位老人，他一只手拿着一个红色的塑料方凳，另一只手端着保温杯，嘴上还叼着一支很细的烟卷，看样子是要找一块阳光能够照到的地方去负暄，我抓住了这个机会，立即上前向老人问好。

从他客气的回答中，我能感到这是一位能够深谈者，于是我向老人请教：在这条街上，我看到了太多的商号，也看到了很多家书店，遗憾

图六　尖兵书店

图七　世界书局开在河口的分店

的是却没有看到一家纸号，但我从查到的资料中得知，河口古镇当年有很多的纸号，为什么而今一个都看不到了？老人闻我所言，先是一笑，而后跟我说："我家就是开纸号的。"他的这句话让我们四位大感惊喜，立刻围拢过来向老人了解详情。我马上向他解释称，这几位都是同伴。老人闻听后，又是一笑，而后说："你们进来吧，我跟你们讲讲当年的故事。"

走进老人的房屋，眼前所见是一处窄长的空间。看来，当年能够有临街的门面房并不容易，所以才会把房屋尽量地向后延伸，以增大面积。屋子进门的位置摆放着简易的沙发，里端则隔成了三间以上的房间，我等不好意思走入后面，只好坐在老人指定的沙发上，而后他边喝水边清晰地向我们讲述着这里的过去。

老人自称叫孙河清，今年84岁了，他说自己家的纸号名叫"孙石记"，此店原本是岳父所开，后来父亲接管了下来。他们都是安徽黟县人，来到这里就是开纸号。父亲叫孙石庭，他们当年都在河口以经营纸张出名，可以说孙石记是河口镇数得着的大纸号。我向老人请教，他们都经营过哪些品种的纸张，老人随口就说出了："有连四，有关山，还有毛边纸。"他说出了这样的专业名词，可见老人的确对手工纸很在行。我向他请教，其家中是生产纸还是卖纸。他说，其纸号只是到产地去收购纸张，然后在河口镇搞批发外销。我问他从哪里收纸，他干脆地回答了一句："铅山！"

我向孙河清请教，在河口镇能够跟孙石记并称的还有哪些大的纸号，他告诉我说："还有一家朱荣记。"他说这家也很大。我又向老人请教，他们家所卖出的纸张最终都销往哪里。他说，这个不确定，因为纸张的用途不同，销售对象也就不相同，比如卖给书铺的，主要就是连四纸，因为这种纸张不生虫。

我问连四纸为什么可以不生虫，他说，这种纸在制造的时候，里面添加了药物，具体是什么药物他也不清楚，而石塘所产的关山纸，用途主要是作账本。另外批发量较大的纸还有草包纸，这种纸张的用途是拿来包瓷器，所以这种纸主要销往景德镇，因为销量大，所以他们家还在景德镇开了分号。

讲到家族的历史，孙河清颇为骄傲，他说祖父是前清状元，具体的名字他跟我说了三遍，我也未能听明白。他本人毕业于上饶一中，"大跃进"时支援工业建设进了工厂，也就没机会再考大学。退休之后他返回了河口，因为八十年代落实政策，这处房屋又还给了他，所以他就住到了这里。

跟老人的谈话颇为愉快，因为他思维清晰，问他的问题，他都能直面回答。谈到孙石记的衰落，他说源于公私合营，因为把他们家的店合并了进去，从此孙石记就停业了。我又跟老人聊到了旁边的尖兵书店，老人告诉我，其实日本鬼子并没有打到这里来，原因正是这里的交通并不方便。毛静最关心他的家乡丰城人在河口的活动情况，孙河清称，丰城人主要在这里经营布匹。而对于这条古街上的经营情况，老人点出了不少的字号，并且能分别告诉我们这些字号的经营情况。

其实河口镇的衰落，原因之一是没有跟上技术的发展，孟颖、程强在《"纸寿千年"连四纸与河口古镇的历史发展与渊源》一文中说："连四纸同河口古镇的兴衰起落紧密相连，同时也是时代发展和历史潮流大背景下中国社会变迁的缩影。明清以来，由于图书事业和古籍印刷的发

图八　听老人口述历史

展，促进了连四纸的生产，清代乾隆、嘉庆、道光三朝，铅山连四纸的产销达到鼎盛。1989年天柱山乡浆源村最后一张纸槽停产后，连四纸制作技艺便在铅山县绝迹。与铅山紧邻的福建光泽县各地连四纸的制作在60年代便开始陆续停产，至1986年所有改良竹纸生产全部停产，而邵武市等地的连四纸制作停产更早，推测在解放初期便已停止生产。"

此时已过了中午12点，我提出可否请老人到外面吃顿饭，他谢绝了我等的邀请，把我们送出了门。在门口时，我向他提出可否给他拍张照，老人答应得很爽快，他让我等一等，而后走到了古码头的入口处，转过身来，用手向空中一挥，同时喊了一声："拍吧！"

辞别老人后，我们继续沿着古街一路看下去。毛静告诉我，这条街上有一位奇人，经常穿着古代的服装在街上走来走去。我对此人大感兴趣，可惜的是我们在这条街上未能遇到此人。我的腿部开始觉得疲惫，感到已经走了不短的距离，然毛静告诉我，我们大约只走了一半。既然不能看到其他的纸号，我对于走古街也就意兴阑珊，于是潘旭辉带着我等走到了与此街并行的江边路。

今日天公作美，虽然有着薄薄的云，但并未下雨。毛静告诉我，在两天前，这里已经下了一个月的雨。看来，这是上天对我的小照顾，以致我能有心情来欣赏江边的山峰。

沿江的路都被有关部门做起了护栏，每块护栏上刻着古代不同的场景，我注意着上面的图案，竟然看过了几十块也没有看到跟纸有关的。这让我不免失望，但还是忍不住地一块一块继续看过去。终于，我看到了自己的喜爱之物——有连续十几块石板上刻的都是造纸场景。我不清楚这些场景之间的先后顺序，但走到前方终于看明白了，这些图案介绍的都是连四纸的生产过程，因为其前方专门有着介绍文字：

连四纸是江西省铅山县汉族传统手工技艺纸品。连四纸质洁白莹辉、细嫩绵密、平整柔韧，有隐约帘纹、防虫耐热、永不变色，有"寿纸千年"之称。旧时贵重书籍、碑帖、契文、书画扇面等多用之。书画家、鉴藏家欣赏它独特的品质韵味，许多字画、印谱、拓本依托它得以传世。

连四纸的原产地在铅山县，明代高濂《遵生八笺》把铅山纸列为元代"妍妙辉光，皆世称也"的精品。明代宋应星《天工开物》有数处记载了铅山造纸状况，对铅山纸品种的连四、柬纸作了说明，并给予很高评分。二零零六年铅山连四纸入选国家非物质文化遗产。

到此时方明白，这些刻石的顺序跟我们前行的方向相反。能够看到跟手工纸有关的文字，由此可以说明，手工纸在当地确实是历史悠久的特产，用一句过时的词来形容，连四纸曾经是当地的"拳头产品"。但我对此还是觉得有些遗憾：虽然我在河口镇看到了旧书店，也访到了纸号的后人，但却未能看到这些纸号刻在这些护栏上。当地人对于茶叶的贸易很是关注，称此镇为万里茶道的起点，然而纸张也曾是这里销售的著

图九　与连四纸有关的刻石

名产品，如此看来，纸张在人们心目中的地位远不如茶叶。

　　河口镇何以成为历史上重要的大码头，王立斌、吕珺在《江西港口名镇——河口》一文中说："发源于怀玉山南麓的玉山水与武夷山北麓的丰溪水在上饶合成信江，与铅山河汇合于河口。从河口上溯可至县境各乡镇，沿信江而上可达广丰、上饶、玉山诸地。邻省光泽、崇安等县地的山货也可运抵河口，再由河口的水路外销。顺信江而下经鄱阳湖，可通达长江沿岸各大商埠都会。又可通过信江与抚河、昌江、赣江贯通，抵达景德镇、南昌、赣州等地。便捷的水路交通在古代是发展经济的重要因素，所以河口在古代是地方的经济、文化与政治中心。"

　　水运是古代最主要的交通方式之一，而河口所处的重要地理位置，可谓得天独厚，使之成为承上启下的重要码头。在其销售的商品之中，纸张为最重要的一项，王立斌、吕珺在其文中写道："到了明代嘉万时期，便跻身于江西四大名镇之列，成了江南商品贸易的一个重要市场。人们给四镇及其特产编有这样的顺口溜：'樟树镇的药材、景德镇的瓷器、吴城镇的木材、河口镇的纸。'河口早在明代中期就成了全国重点手工业基地之一，素有'江西名镇数河口，八省通衢连五州'之称。在历史上有'八省码头'和'商埠之冠'的美誉。"

　　河口所产销的纸张成为江西四大特产之一，在河口经营的纸号也成为当地著名的特色商业之一，故而该文又写道："河口古街全长虽然只有5华里，但是在历史上的鼎盛时期，这条街上的纸号、茶行、书局和银楼等店铺，曾经达到2000余家，即便现在，也仍有300多家此类商铺的遗迹存在。"

　　我在河口古街走出了约一公里的路，如此说来，我所看到的，不及古街的一半。可惜上面的这段话未曾说明这两千多家商店中，曾经有多少家是经营纸张的。但是这条古街上的纸号之发达，却有着很多的资料记载，比如《江西名镇河口镇铅山文史资料》第五辑上，载有吴炳全、傅之潮所撰《河口纸市》一文，该文首先做出了如下的概述：

　　明代初年，河口即有大量商品土纸外销，清乾、嘉年间（1736—1820）是河口纸市的鼎盛时期。其时，当地设有100多家专营土纸的店铺，每年"可售银四五十万两"。鸦片战争后，尽管洋纸盛行，土纸滑坡，河口纸市的年总售额仍近10万（银）之数。民国二十六年（1937）河口以输出各项土纸 90 件（篓），计重 18550 吨的巨额贸易显示着纸市场的无比繁荣。

这段描述称，河口镇在明代初年就开始大量销售纸张，清乾嘉时期到达鼎盛，然却未曾提及河口镇是从什么时候开始制造纸张的。王立斌、吕珺的文章中提到了这一点，"河口镇以造纸业闻名天下，早在宋元时期，河口的手工造纸技术就已经相当发达了，所生产的纸以'妍妙生辉'而著称。到明代中叶，河口已成为我国重要的造纸业基地，有'铅山唯纸利天下'的说法。当时河口纸市 1 年的销售额就达到 50 万两白银，占到了全国市场份额的一半以上"。

这里将河口镇造纸的历史追溯到了宋元时期，并且说，在这个时期，河口镇的造纸技术已经很发达了。可惜该文也没有举出这种说法的依据。但文章却讲道，河口镇在明代中期，纸张的产量已经占了全国总量的一半。我同样不知道这句话的历史依据，但至少也说明，河口纸曾经也闻名全国。关于纸张的主要品种，该文中又有如下的说法："连史纸产生于明代嘉靖至崇祯年间，距今已有四五百年的历史。它是一种以竹类为原料，经过精细的手工加工而成的一种优质土纸。据传最初是由福建一位姓连的造纸工所生产，因他排行第四，故名。"

连史纸乃是古代著名的书籍印刷用纸，其名称的来由，我在此文中才第一次得见，这倒是一个有趣的说法。此文中还提到，当地很多不同机构的印刷用纸也是使用本地的纸张，"到清代，由于图书事业的大发展，大量古籍书刊的印刷已成规模，如鹅湖书院的刻书、藏书，蒋士铨的书房渔古堂刻书；潘彬如书馆刻书；铅山费氏家刻藏书等等。因有数 10 家刻书印刷厂家，大大促进了铅山连史纸的生产，所以当地人有大半以种竹造纸为生"。

对于铅山当地的造纸，翦伯赞在其主编的《中国史纲要》中有如下描述："铅山是江南地区五大手工业区。铅山的手工造纸业与松江的棉纺织业、苏杭二州的丝织业、芜湖的浆染业、景德镇的制瓷业齐名。"即此可知，铅山纸曾经跟苏杭的丝绸、景德镇的瓷器齐名天下，可见其影响力是何等之大。

对于铅山一地造纸的具体规模，吴炳全、傅之潮在其文中给出了如下数据："据有关史料记载，清乾、嘉、道年间（1736—1850），铅山从事手工造纸的人员约占全县人口的十分之三四，槽户2300有余，日产土纸槽块不下1000余担。民国初期，全县有纸槽4000余张，直接从事造纸者在20000人以上，年产量超过20000吨。"

该文中又讲到，铅山当地所出的纸张，不仅仅有连史纸或连四纸，文中有着如下的列举："铅山土纸品种繁多。经过历代市场的筛选，至民国时期铅山纸仍有关山、毛边、连史、京放、表芯、书川、放西、卷筒、毛太和黄表等10余个主要品种。其中的连史纸质地洁白如玉，细嫩坚韧，永不变色，素有'寿纸千年'之誉，是写字作画、印刷古籍的上品。"

在河口镇遇到的孙河清老先生也提到了关山纸，原来，在此之外还有着十多个品种，而这些品种中，有的可以用来印书。吴炳全、傅之潮在文中称："明代崇祯间（1628—1644）毛氏汲古阁出版《十七史》，各史扉页就是采用铅山连史纸印刷的；商务印书馆民国二十三年（1934）出版的《四库全书珍本初集》，选用的也是铅山连史纸；还有北京'荣宝斋'裱画、上海'扫叶山房'古籍印刷等，都常选用铅山连史纸。民国初年，铅山每年要销出连史纸 10 万担左右。"

如此说来，流传至今的不少古书，都是用铅山当地的纸张刷印而成。那么，当地究竟有哪些地方出产纸张呢？《河口纸市》一文又写道："县内主要产纸地石塘、石垅、英将、陈坊、湖坊、杨村、港东等山乡所产土纸概由小船经过铅山河或陈坊河运到河口中转；信江上游广丰、上饶、玉山诸地所产土纸亦先运至河口再换大型船只下航；毗邻之福建光泽、崇安等地产纸则先用人力挑运到陈坊、湖坊、石塘、紫溪等地集中，然后经水路运至河口外销。"

铅山当地产纸的乡村很多，他们所制出的纸，都会运到河口来做转运，因此说，河口镇是铅山各个乡镇所产纸张的集散地。但是河口镇的这些纸商也并不都是只做转手生意，他们的经营方式被吴炳全、傅之潮根据不同的性质，划分为"纸店""纸号""纸行"和"纸庄"。对于这四者之间的区别，该文中首先说：

纸店，一般都设有门市部和栈房，零售批发兼营，也有的小店只营零售。"裕兴隆"、"光裕"、"益裕"等都是河口街上创于清末的老字号纸店，知名者还有傅源丰、何衡裕、兆丰、恒裕丰、刘协丰、建和等家。位于三堡街的大纸店"益裕"长年雇用员工十六七人，购销两旺。规模小的纸店除业主外，仅雇一两名店员，或只有学徒，还有全由业主夫妻经营者，时称"夫妻店"。

纸号，专营批发，不事零售。较大的纸号有"吴志记"、"郭同义"、"祝荣记"、"宝兴盛"、"信大"、"志成"、"厚记"等家。"吴志记"主营关山纸，拥有约 20000 件关山纸的流动家业。抗日战争前，最大纸号为

"罗盛春"。它在河口、石塘各盖有大宅院，屯积、销售纸张甚巨，后停业。

看来，纸店就是纸张的零售店铺，纸号则主要是批发。该文中列出了几家大纸号的名称。关于另两类经营方式，该文中又有如下的描述：

纸行，代办纸张转手贸易，又称"经纪人"。河口的纸行不多，且为小规模经营，多是山乡槽户将所产土纸寄放其处代销。"卢益大"是河口街上较出名的纸行。

纸庄，专为外地客商收购、转运纸张。民国初期，河口较大的纸庄有"丁正卿"等。那时也有以店"代庄"的，如"益裕"等家纸店就兼办这项业务。

其实，这种分类都是相比较而言，他们在销售纸张的同时，也会制作一些纸产品，以此增加利润，吴炳全、傅之潮在文中写道：

有些纸号、纸店，如旧弄口的"阜成"、二堡街的"源大昌"、金家弄的"景运斋"等，除经销本县所产的大宗土纸外，还自设作坊，以木板水印等工艺制作多种簿本应市。像十行纸、方格稿纸、信封、账簿、卷宗和小学生描红本等便是这一系列的传统商品，其质量不亚于专业性的印刷行业所产。有的纸店则专事红纸或锡箔纸的加工和经销。工字街陆老板红纸店的朱红和水红纸比有名的"浒湾红纸"还鲜艳可人；"吴福春"、"卢建记"、"福全坊"出品的锡箔分金、银二色，有100、200、500

张的包装件，还贴有漂亮的商标，销路甚广。

还有一类重要的特点，那就是河口的其他一些商店，也因为纸张的业务量很大而一并跨行经营。

此外，河口还有一批兼营纸张的商店，其业务较大者有经营图书、文具的"世界书局"，经营墨砚的"方开文"，经营印刷的"汪立昌"，经营油脂的"和记"和经营南货、棉布的"万源"等约 20 几家。"和记"油行主要兼营铅山"京放"和"毛边"纸的批发，并把生意做到了济南、天津一带，销量也大，大宗者竟有三五个火车皮。当时可与之相比的是"万源"。它不仅在河口附设"源兴"纸号大做纸生意，还在贵溪设立分号营纸，并像专业纸商一样派有水客常驻上海坐庄推销。

看来，我在老街上看到的世界书局，也兼营纸张批发。所以说，那条老街上尽管有各式各样的商店，但大多都会专营和兼营纸张，难怪河口镇被称为中国古代著名的纸张集散地。然而昔日的辉煌今日却未能延续，而今公路的发达，再加上铁路运输的便利，使得这昔日著名的古镇迅速地衰落下来。而我眼前的所见，只是当年辉煌后所剩下的躯壳，它依然顽强地立在原地，虽然残破，但在这些残破的砖缝里面，却包含着太多无法叙说的辉煌。

龙尾砚

眉子金星，索索有芒

宋人苏易简在《文房四谱》中说："昔黄帝得玉一纽，治为墨海焉。其上篆文曰'帝鸿氏之砚'。"把砚台的历史追溯到了黄帝的时代，这的确够早。明代的王三聘在《事物考》中也有类似说法："自有书契，即有此砚。盖始于黄帝时也。"

砚台在那么远古的时代就已经产生了吗？这些记载当然无法考证，更何况也没有实物流传下来。孔圣人似乎也用过砚，明代董斯张在《广博物志》中说："黄州东百里，有孔子山。相传孔子适楚，尝登山上，有坐石，草木不侵；有砚石，每雨，墨水浸出。"这段话说得比较含糊，只是说黄州的孔子山上有一种砚石，每到下雨时就会浸出墨水，但是孔子究竟有没有使用过这种砚及砚中浸出的墨水，也无法证明。更何况，孔子时代是否用毛笔来书写，这也是个问题。

　　根据现在的出土发掘，春秋战国时代确实已经有了砚台的雏形。到了汉代，砚台的使用已经普及开来，并且天子也开始用砚台，汉代的刘歆在《西京杂记》中就写道天子以玉为砚，可见那时已经有了玉砚。到了魏晋南北朝时期，砚台的使用更为普及，制式也变得繁复起来。到了隋唐时代，文人开始讲求砚台的材质，渐渐关注砚石的产地。按照米芾在《砚史》中的记载，当时全国有 40 多处产砚之地，《续博物志》引《砚谱》称："天下之砚四十余品，以青州红丝石砚为第一，端州斧柯山石为第二，歙州龙尾石为第三。"

　　再后来，青州的红丝砚资源枯竭，其位置被洮河砚顶替。在唐代又发明了澄泥砚，因此到了宋代，端砚、歙砚、澄泥砚、洮河砚被称为"四大名砚"，其中的歙砚就是《博物志》上提到的龙尾砚，这是因为歙砚的主要产区在婺源的龙尾山。

　　从现存的资料来看，龙尾砚在南唐时期就已经极具名气，这源于李后主的偏爱。佚名所撰《歙砚说》一文中，有如下一段话：

　　唐侍读《砚谱》云：二十年前，颇见人用龙尾石砚。求之江南故老，云："昔李后主留意翰墨，用澄心堂纸、李廷珪墨、龙尾砚。三者为天下冠，当时贵之。自李氏亡而石不出，亦有传至今者。景祐中，校理钱仙芝守歙，始得李氏取石故处。其地本大溪也，常患水深，工不可入。仙芝改其流，使由别道行，自是方能得之。其后，县人病其须索，复溪流如初，石乃中绝。后邑官复改溪流，遵钱公故道，而后所得尽佳石也，遂与端石并行。"按《图经》，龙尾山在婺源县长城里。唐开元中，叶氏得其地，尝取石为砚，不见称于世，故无闻焉。

李煜喜爱的三件文房珍宝，其中就有龙尾砚，当时人认为龙尾砚为天下第一。但是李煜去世后，龙尾砚就渐渐消亡了。到了宋代，有位叫钱仙芝的官员做歙州太守，他找到了当年给李煜开采砚石的洞口，看到这个洞口在溪水边上，常常有水灌入，入洞采石很难，于是想办法让溪水改道，采砚石的人就能进入洞中了。龙尾砚极受欢迎，到此寻找砚石的人源源不断，当地人觉得他们需索无度，又把河道改了回来，让溪水把洞口淹没，阻止前来采石的人。显然，这样的美物对人们有着很强的吸引力，若干年后，新上任的官员再一次更改河道，让人们继续到洞中采石，取出来的都是上好的砚石，渐渐地，歙砚就与端砚并称于天下。

究竟是谁最早发现的龙尾山砚石呢？据说是唐开元年间一位姓叶的人，宋代唐积在《歙州砚谱》中有着如下说法：

婺源砚。在唐开元中，猎人叶氏逐兽至长城里，见叠石如城垒状，莹洁可爱，因携以归。刊粗成砚，温润大过端溪。后数世，叶氏诸孙持以与令。令爱之，访得匠手斫为砚。由是，山下始传。至南唐，元宗精意翰墨，歙守又献砚并荐砚工李少微。国主嘉之，擢为砚官。令石工周全师之，尔后匠者增益颇多。今全最高年，能道昔时事，并召少微孙明（今家济源）。访伪诰不获。传多如此。今山下叶氏繁息几数百户，乃猎者之孙。

原来这位叶氏是个猎人，他在追逐野兽时见到了一种漂亮的石头，于是就带了回来。多年之后，他的后人把这块石头呈给了县令，县令很喜欢此石，请匠人把它做成了砚台。自此之后，龙尾砚才渐渐被人识得。到了南唐，歙县太守把龙尾砚献给了皇帝李璟，同时向皇帝推荐了制砚名家李少微。李璟很欣赏李少微制作的砚台，于是就任命他为砚官。在唐积所处的时代，雕造龙尾砚最有名的工匠名叫周全，就是李少微的弟子。唐积在文中又说，虽然周全已经年岁很大了，但他仍然能够回忆起当年的事。到如今，那位叶姓猎户的子孙仍然住在龙尾山上，子孙繁衍已经到了几百户之多。

李少微和周全师徒的故事是否在历史上真有其事，换句话说，唐积怎么知道五代的这些事呢？对于这一点，唐积在文中用了"传多如此"这样含混的话，意思是说自己也是听别人讲的，至于真伪，他也不确定。

对于龙尾山出砚石之地，《歙砚说》一文中称："龙尾山亦名罗纹山。下名芙蓉溪，石坑最多，延蔓百余里，取之不绝。"看来，歙砚主要出在龙尾山下的芙蓉溪，沿着此溪，遍布洞口，延绵长达上百里。可以想见当年采砚石的场景是何等的壮观。

为什么要在溪水边采石呢？该文中又说道："龙尾石多产于水中，故极温润，性本坚密，扣之，其声清越，婉若玉振，与他石不同。色多苍黑，亦有青碧者。采人日增，石亦渐少。有得之岩崖中者，色白而燥，殊不入用。"看来，溪水中所出的砚石质量最好，山上虽然也出砚石，可惜质量不佳。

既然龙尾砚以溪水中所出为最佳，这就跟宋代唐积的那段叙述有些冲突。一般说来，猎人追逐野兽应该是在山上，不太可能到溪水中去捕猎物，那么，猎户叶氏看到的砚石也应该是在山上所见。显然，在山上

歙州硯譜

採發第一

婺源硯在唐開元中獵人葉氏逐獸至長城里見疊
石如城壘狀瑩潔可愛因攜以歸刊粗成硯溫潤大
過端溪後數世葉氏諸孫持以與令令愛之訪得匠
手斲為硯由是山下始傳至南唐元宗精意翰墨歙
守又獻硯并蒸硯工李少微國主嘉之擢為硯官令
石工周全師之爾後匠者增益頗多今全最高年能
道昔時事并召少微孫明令家濟源訪僞詰不獲傳多如
此今山下葉氏繁息幾數百戶猶獵者之孫

石坑第二

羅紋山亦曰芙蓉溪硯坑十餘處蔓延百餘里皆山

发现好砚石的故事跟《歙砚说》的记载有了冲突。可能唐积也发现了这个问题，于是他在文中做了如下的解释："罗纹山亦曰芙蓉溪。砚坑十余处，蔓延百余里。皆山前后沿溪所生，溪水中殊无石。好事者相传，多云水中石。"

唐积首先说，罗纹山就是芙蓉溪。这个说法也跟《歙砚说》不同，因为《歙砚说》称龙尾山也叫罗纹山，山下才是芙蓉溪，唐积则直接说，罗纹山就是芙蓉溪。在人们的概念中，显然山和水不是一回事。但唐积也说罗纹山下有溪水，他称溪水中没有好的砚石。既然如此，那为什么人们都说上佳的砚材是出自溪水之中呢？唐积的解释是：这只是多事的人胡乱传说。如此说来，唐积认为，龙尾山上好的砚石主要是出自山上，而非水中。究竟是山石好还是水石好，真让我这个外行无所适从。看来，只能到当地去请教行家了。

龙尾山处在江西省婺源县的砚山村，听名称就知道这里是龙尾砚真正的产地。我在婺源高铁站跟毛静、潘旭辉两位先生碰面后，乘上毛静朋友的车，进入县城接上了当地文史专家毕新丁先生，而毕先生已经事先联系好了砚山村的熟人。

2017年3月25日，我等五人乘车前往砚山村，途中路过江岭景区。因为今天是周六，又是油菜花开放的季节，而江岭正是油菜花的最佳观赏之地，天气又很好，这些加在一起，使得穿越景区的路途变得十分漫长。距离景区还有十多公里，路边就已经停满了游客的车辆，越往前走就越发的拥堵。遇到此况我们也很无奈，只好随着望不到头的车流，慢慢向前挪动。

路边有不少人在维持秩序。毕新丁说，一到这个季节，附近乡镇的

图二　盛放的油菜花

所有领导必须到现场指挥交通。而这么多游客的到来，也会踩坏一些油菜花田，这让当地的乡镇干部们都很无奈。我果真看到了很多穿着红马甲的维持秩序的人员，毕新丁说他们都是这里的干部。在这些人中，我还看到了另一种特殊的着装，走近细看，他们的衣服上都印着"蓝天救援队"的字样。

　　巧的是，我在一年前结识了一位蓝天救援队的人，由此了解到他们都是完全义务地来做各种救援活动，这种了解使得我知道他们的不容易，但没想到救援队除了负责救援，还要维持景区秩序。从今天的情况看，如果不是这些乡镇干部和蓝天救援队的人员，这个巨大的景区肯定会乱成一锅粥。因为道路狭窄，很多人随意地将车停在路边，还有些游客视汽车为无物，大摇大摆地在公路上悠然信步。经过这些义务维护秩序者不停的劝阻，才使得我们的车能够慢慢地向前挪动。

毕新丁告诉大家，这个没有围墙的大景区，每位游客收 60 元门票费。我真不知道为什么这么多人要跑这么远的路，来看这种榨油的植物。人性最难琢磨，我觉得不远千里来看油菜花，也是难琢磨的事情之一。正当我思索这个无聊的问题时，毕新丁突然喊了句："停车！"而后只见他跳出车门，走上前与一位穿着红马甲的工作人员握手，然后他介绍此人说："这是砚山村的吴书记。"

我们来到此处时已经是下午，一天的日晒加上路边的尘土，使得吴书记看上去有些疲惫和沧桑，但他还是热情地向我们表示了欢迎。而后他一挥手，登上了一辆面包车，让我们的车跟着他一路前行。十余分钟后，跨过了一座拱桥，在拱桥的拐弯处看到了砚山村的村牌。毕新丁向下一指："这就是芙蓉溪。"

我们的车穿过石桥之后就是沿着溪水的侧边一直前行，我瞪大眼睛，一路盯着溪水，希望能从里面看到一块上好的砚石。毕新丁看穿了我的心思，他笑着说："这里的石头已经被人翻捡了上千年，不会留下一块上好的砚石等你来捡宝。"

过河之后，大约开行了不到一公里，吴书记的车突然停了下来，我等五人也下了车，吴书记指着路边的山体说："这就是龙尾山的采石洞。"众人立即顺其所指张望，眼前所见，只是一片废弃的碎石堆，除此之外，完全看不到洞口。吴书记解释称，龙尾山在这一带总共有 8 个洞口，十几年前，村委会决定把这些洞口全部封起来，从此再不能在此采砚石。

这种情形让众人没想到，纷纷问吴书记：何以有宝不挖？吴书记解释称，因为千年以来，挖石量太大了，再这么挖下去，没有几年，就会资源枯竭。他们决定封洞的主要原因，就是想给村里的后世子孙们留下一些财产。同时他也说，这些年开采量太大，使得到处都有歙砚出售，这种卖法会把价格越压越低。所以，无论站在哪个角度，都应当将这些洞封闭起来。

说话间，从路旁走过了两位扛着农具的村妇。吴书记说，她们不是去干农活，而是到山上或者去水中捡拾遗漏的砚材，因为随便捡一些，卖出的价钱就远比干农活高很多。两位农妇从旁边经过时，我注意到其筐内果真有几块不大的石块。从外观看，那些石块跟河里的普通石头也没太大区别，吴书记严肃地说："那是因为你不会辨认。"

从理论上讲，吴书记的所言于情于理都对，可惜的是，我从千里之外来到了龙尾山，却无法看到开采砚石的场景，这当然是个大遗憾。没办法，只好跟着吴书记进入砚山村，去那里看一看砚台的制作过程。

砚山村名副其实，走在街上，两边的住户家家都挂着制砚和售砚的招牌，并且每一家的门口都堆着一摞摞的砚石。吴书记解释说，这就是十几年前各家囤积起来的砚材。看到这种场景，众人也能够理解为什么村委会决定停止开采了，因为已经采出的砚石的确数量太大了。

吴书记带着我们穿过一条小巷，在小巷的尽头有一座新建的二层小楼，门楣上写着"砚山藏石馆"。进入馆内，一楼的布置有点儿像家庭收藏馆，桌上整齐地排列着一些带盒的歙砚，旁边还有一个红色的塑料澡盆，盆内放着一方砚石。吴书记介绍说，这是品质上好的砚材，价钱在百万元以上。我仔细端详了一番，看不出这块石头怎么值这么多钱，由此让我想起了一个疑问：龙尾砚究竟是山上的好还是水中的好？吴书记

图三　村民家里堆放的砚材

图四　泡在澡盆里的上等砚石

称，这不能一概而论，重要的是品种。

歙砚的品种太多了，我在此前也翻过一些资料，实在记不住那么多的名称。《大明一统志》把龙尾砚分为了五大类："一曰眉子石，有七种；二曰外山罗纹，有十三种；三曰里山罗纹，有一种；四曰金星，有三种；五曰驴坑，有一种。"这种分法有些笼络，杨白水编著的《文房四宝：砚》一书中，对歙砚的品种有如下的描述："歙石石质坚韧、润密，其石纹理丰富，有金星、银星、龙尾、罗纹、刷丝、眉子等名目。而其中以石上充满金黄色小碎细点的金星石最为珍贵。还有一种形似龙尾的金星，又称'龙尾金星'。'金星'融结在砚石之中，形如谷粒，多如秋夜星星，闪闪发光。有星的地方均不堪磨墨，所以制砚工人多侧取之，置其星于外，谓之'金银星墙壁'。"

这段话仅是讲出了歙砚的大致分类，按照文献记载，歙砚品种的分类远比以上的所言要多得多。比如唐积在《歙州砚谱》中仅"眉子石"就列出了7种，即金星地眉子、对眉子、短眉子、长眉子、簇眉子、阔眉子和金眉子；而"罗纹石"又分为"外山罗纹"和"里山罗纹"，其中"外山罗纹"又分为13种，即粗罗纹、细罗纹、古犀罗纹、角浪罗纹、金星罗纹、松纹罗纹、石心罗纹、金晕罗纹、绞丝罗纹、刷丝罗纹、倒理罗纹、乌钉罗纹和卵石罗纹。

除此之外，还有太多的品种存在。经过这样的排列组合，龙尾砚的品种至少有百种。吴书记说品种不同，价格就会差异很大，但是本村人都能分清楚这些品种。

从大类上说，究竟哪一种龙尾砚的价值最高呢？欧阳修《砚谱》中称："歙石出于龙尾溪。其石坚劲，大抵多发墨，故前世多用之。以金星为贵，其石理微粗。以手摩之，索索有锋芒者尤佳。余少时又得金坑矿石，尤坚而发墨，然世亦罕有。端溪以北岩为上，龙尾以深溪为上。较其优劣，龙尾远出端溪上，而端溪以后出见贵耳。"

看来在欧阳修眼中，龙尾砚最好的品种是金星。这种石头用手摸上去，微微有锋棱感。眼前所见泡在红澡盆里的这一块，显然不是金星，但我还是用手摸了一下，果真在平滑的表面上有着隐隐的锋棱在。此文中说，龙尾砚最好的品种还是出自深溪，这类的砚材，其质量比端砚还要好。

《歙砚说》一文则认为歙砚中的细罗纹最佳，"大抵石顽则光滑，而磨墨不快；石粗则黏墨，而渗渍难涤。唯粗罗纹理不疏，细罗纹石不嫩者为佳"。当然也不是所有的砚石都是好的，那么什么样的砚石不招人喜欢呢？《歙砚说》认为砚以莹净为先，哪怕只有小小的痕、线，身价就会立即降下来。此文还列举了砚石的十种不美之处，"石病有十：痕如蚓行迹。鸡脚，如鸡迹，麻石黯色。乌肭，有痕如木叶，若肉中胜也。浪痕，遍缠如布帛，纹作浅、深墨色。赘子，如乌豆隐起碍手，开之多成大璺。搭线，斜纹若断裂者。黄烂者，土中石皮也。硬线高起隐手，虽良工不能砺平也。石上有微尘孔者，石之肤也。断纹两不相着"。

跟着吴书记登上二楼，这里摆放的砚台数量更多，我向吴书记请教：这几百方砚台中，哪块质量最佳？他把我带到了一块较大的砚石跟前，称有人出价一百万，但这里的馆主仍然不愿意出售。吴书记让我用手来抚摸这块砚石，果真如书上所形容——其石质之细腻，犹如婴儿的皮肤。

在二楼参观时，我向窗外望去，此楼的后面是一块田地。吴书记说，之前有人在后面承包了一片地，在地下挖出了大量砚石，一下子就发了

图五　二楼展厅

图六　随形雕制的砚石

大财。我问他，为什么在地里就可以挖砚石？他说，这些地已经承包给了不同的农户，农户转包给他人，新的承包人从中挖出砚石，当然就归挖出者所有。因为他们不是从封闭的矿洞内挖出来的，所以通过这种途径得此砚石，并不算违反村规。这件事传开后，很多人纷纷想到这里承包土地，但吴书记说能否挖到砚石，这要靠运气，也有的人在承包的土地内挖了个遍，什么也没挖到，那就只好认赔了。

我提出要去参观制砚的工坊，吴书记带着我们走出了这个展馆，穿过了一条小巷，在巷子里看到了村委会。村委会的办公楼有些破烂，吴书记说，先让老百姓致富。他对办公场所的破烂并不以为意，说还有人想来承包村委会，因为这院落下面说不定就有不少的砚石。看来，这个村子到处都是宝，在这宝地之上使用着破烂的房屋，需要怎样的定力才能做到心如止水呢？

在一个院落内看到了砚台制作的现场，有两位年轻人正在用机器雕刻砚石，我盯着其中一位的手看了好一会儿，也没见他雕出来一毫米。看来，刻出一方好砚台的确不容易。这个院落里还堆放着大量的砚材。说话间，进来了这里的主人，他向我解释说，这些砚材都是十几年前囤积起来的。我看到地上堆放着的砚坯，大多是没有棱角的形状。毛静说，大多数古代的歙砚都是带有边角，看上去方方正正，远比这样没有棱角的好看许多。

主人闻听此言，也承认这一点，他说有时花很多钱来雕造，还不如卖原石赚钱。我说，你那馆内摆放着那么多的成品，加起来的价值恐怕已经上亿。主人认为不可能，他说谁愿出一千万，他就连砚台带石头一块转让。看来歙砚的市场同样水很深，很难搞清这些砚台究竟值多少钱。

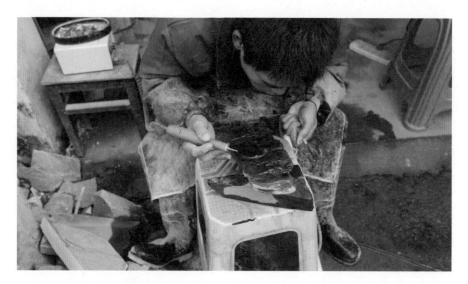

图七　一位年轻人正在雕刻砚石

图八　制砚不易

图九　被磨去棱角的砚坯

从资料来看，龙尾砚在古代就很贵。清乾隆年间徽州府新安卫守备徐毅写了篇《歙砚辑考》，其在序言中写道："我皇上御极之初，以文明经理天下。诸臣工仰体上意，构求精砚，以备文房。先是，大中丞孙委其事于前太守杨，以余协理，继则大中丞陈暨臬宪刘皆檄余专办，前后数役，凡绅士家藏古式与砚山居民所存之老坑旧石，悉用重价征取，搜罗几遍。"

可见乾隆皇帝也很喜欢龙尾砚，命令当地守备去采办，为此当地许多人家旧藏的老坑砚石全部被官员们买走了。当时买这些砚石究竟花了多少钱呢，可惜没有资料记载。

而后吴书记又带我们参观了另一个院落。在这里有一位工作人员正在制作砚坯，而他所做的样式依然是圆头圆脑的，看来，审美情趣这件事并不能随着价值增高而为之变化。

古代的许多文人都对歙砚有着偏爱，欧阳修不仅写过《砚谱》，还专门写过一首《题双龙对珠金星砚》：

徽州砚石润无声，巧施雕琢鬼神惊。
老夫喜得金星砚，云山万里未虚行。

可见欧阳修认为金星砚是歙砚中的最好品种。黄庭坚也有着同样的爱好，他写过一首很长的《砚山行》，其中有两句如下：

日辉灿灿飞金星，碧云色夺端州紫。
遂令天下文章翁，走吏迢迢来涧底。

黄庭坚歌咏的也是金星砚。苏东坡写过一首《龙尾砚歌》，他的诗中没有提到龙尾砚的品种，却写出了该砚是如何之佳。此诗的前两句是：

黄琮白琥天不惜，顾恐贪夫死怀璧。
君看龙尾岂石材，玉德金声寓于石。

现代著名作家张中行先生也有藏砚之好，他曾写过《咏砚十绝句》，其第二首为：

眉子弯弯蘸远山，金星闪烁绛河间。

文房建业犹遗恨，龙尾飘零几日还。

在这里，张中行将眉子砚和金星砚并提。可见到了当代，仍然是这两个品种为歙砚中最佳。

参观完制砚现场，吴书记提出请众人吃饭，因为我们还有下面的行程，于是婉谢了他的美意，而后上车原道回返。走到溪边时，又看到几位农妇挑着担子在路边行走，她们看到我等，立即招手拦车，问是不是要买砚石。我们车上的五位都不是这方面的行家，只好摇摇头，继续向前走。

我无意间注意到，路边的山体有被开采过的痕迹，于是立即请司机停车，众人下车探看。毕竟都是一群外行，无法从岩石的断层上看出哪些是普通的石头，哪些是砚材，看来众人都没有以砚材致富的命。潘旭辉说，他们馆长也有藏歙砚的爱好，并且对此特别痴迷，馆长每到周末，只要有空，就会来此地，到芙蓉溪捡拾砚材。

正说话间，果真看到不远处的溪水边有人在水中捞石头，我们走近细看，潘旭辉惊奇地说："太巧了，我们的馆长就在这里！"说话间，馆长也认出了潘旭辉，于是众人向馆长纷纷招手。对于他的这种毅力，众人赞叹不已。我不知道在这芙蓉溪中捞砚石是否比沙里淘金还要难，毕竟在这条溪中有数不清的人都做过同样的动作。

上车之后，我问司机可否绕开油菜花景区，毕竟那里太拥堵了，司机说他也想到了这一层，于是我们就驶上了另一条路。但没想到，在这条路上前行不远，又被堵到了那里。司机后悔地说，应该走别的路，因为他忘记了这条路要经过上坦村，而此村正是冯小刚拍的电影《我不是潘金莲》的取景地，这些蜂拥而来的游客正是因为这部电影才来此参观的。众人在车上胡乱地感慨着，认为那些人既然有这么多的闲暇，还不如到芙蓉溪去捞几块砚石。

竹纸群落，唯重古法

　　徐晓军馆长告诉我，浙江富阳大源镇有一家造纸作坊名叫逸古斋，专门生产竹纸中的元书纸，在业界小有名气。他还说，大源镇有多家这样的古法造纸作坊，如果有兴趣的话，可带我去当地一看。这当然是我感兴趣的话题，恰好得知这个消息后不久，2017年10月27日，我前往萧山开会，会议结束后，我跟随徐馆长出行，他说带我前往大源镇。

　　萧山到富阳间有高速公路相连接，大概开行不到一个小时，就进入了半山区，而后行驶在一条不宽的省道上，没多久就进到了半山下的一个村庄。车停在了小街中段的一幢楼前，我注意到这里的门牌号是"大源镇朱家门大同村62号"。在路上，徐馆长告诉我说，我们将要去的逸古斋，其主人名叫朱中华。此刻看到这里叫朱家门，看来朱姓是这里的望族。

不巧的是，因为会期的原因，我来到朱家门时比提前预约的晚了一天，朱中华先生已经去外地开会了，不过他已安排好自己的儿子朱起杨来接待我们。朱起杨看上去不足三十岁，待人接物颇重礼节，手游时代的年轻人还能继承这么古老的传统，真是令人欣慰的一件事。他把我们带入院中，眼前所见乃是江南特有的正堂格局：正堂的前方完全没有隔挡，院落呈敞开状，看来南方人真的不怕冷。

从外观看过去，这是一处老房子，整个建筑呈 L 形，全部是木结构的二层楼，二楼的窗扇也全是木板，没有使用玻璃。这样的窗户关闭之后，里面岂不是黑暗一片？但古人千年以来就是这样生活，也许这种制式自有其道理吧。如今在这山村中，还能够保留下这样完整的木结构建筑，倒是跟这里生产的手工纸颇为匹配。

走入敞开的厅堂，正前方悬挂着"逸古斋"的匾额，此匾显系新雕。匾额下方悬挂着一幅古人的画像，上面写着"朱公启绪"，不知道这位朱公是否就是朱家的先祖。画像的两侧悬挂着用雕版刷印的书样，上面还有题字。徐馆长介绍说，这是王黎明先生拿来看的书版，是用这里的元书纸刷出的纸样。

此套书版是朱师辙的小儿子朱俊异先生在 1960 年从黟县石村老家跟藏书一起运到杭州的，近期王黎明用这套书版刷印了一百部书，挂在墙上的，就是此套书的印样。徐馆长告诉我，这三套书版都是朱师辙家中所刻，书名分别是《黄山樵唱》《曾文正公祠百咏》及《林和靖集》。细看这些纸样，刷印水平确实不错，看来朱家生产的元书纸确实适合用来刷印线装书。

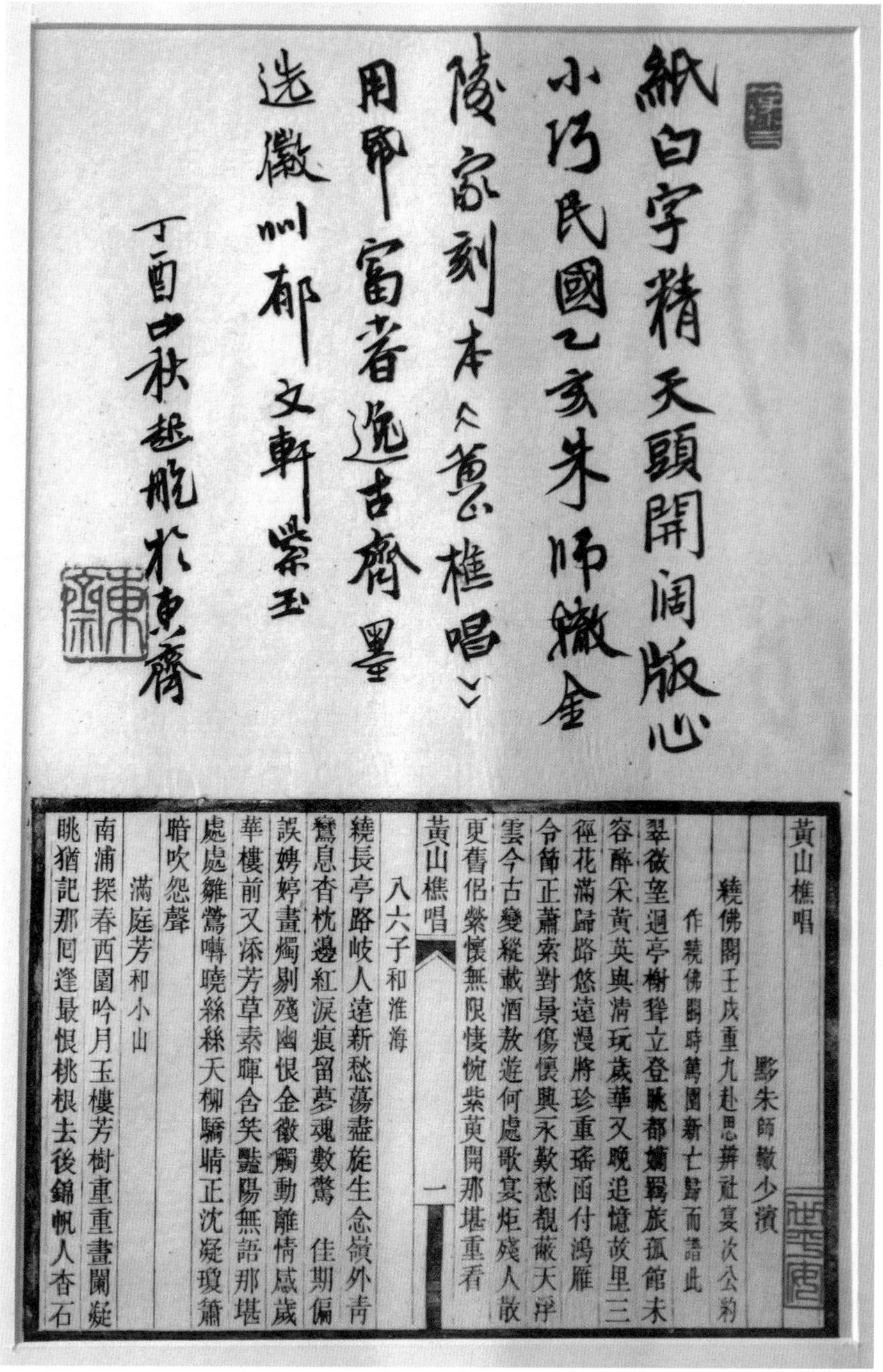

紙白字精天頭開闊版心
小巧民國乙亥朱師轍金
陵家刻本《萱屋樵唱》
用郎富者逸古齋墨
选徽州郁文軒紫玉
丁酉中秋趙眈於東齋

黃山樵唱

黟朱師轍少濱

繞佛閣壬戌重九赴巴忠拼社宴次公韻
作繞佛閣時蒿圉新七歸而諎此
翠葆望過亭榭聳立登眺都孃羈旅孤館未
容醉采黃英與清玩歲華又晚追憶故里三
徑花滿歸路悠遠慢將珍重瑤面付鴻雁
令節正蕭索對景傷懷輿永歎愁覰藏天浮
雲今古變縱載酒放遊何處歌宴炬殘人散
更舊侶縈懷無限悵悅紫萸開那堪重看

八六子和淮海

繞長亭路岐人遠新愁蕩盡旋生念嶺外青
鸞息杏枕邊紅淚痕留夢魂數驚　佳期偏
誤娉婷畫燭剔殘幽恨金徽鬬動離情感歲
華樓前又添芳草素暉含笑豔陽無語那堪
處處雛鶯囀曉絲絲天柳驕嘶正沈凝瓊簫
暗吹怨聲

滿庭芳和小山

南浦探春西園吟月玉樓芳樹重重畫闌凝
眺猶記那囘逢最恨桃根去後錦帆人杳石

一

图一　用元书纸刷印的《黄山樵唱》纸样

　　说话间，王黎明先生也赶到了这里。徐馆长说王黎明原本在华宝斋搞印刷，后来离开华宝斋，独立搞手工纸及刷印业务。寒暄之后，我们坐在这敞开的厅堂内喝茶聊天。这古老的厅堂正中，摆放着一张颇为流行的红木案。朱起杨让人拎来了两袋橘子，同时说橘子的味道还没有到最佳，但因是刚摘下来的，此时食用能够清口，他边说边给我们泡茶。

　　我边吃橘子边观察着院中的细节，这处 L 形的老楼看来是有意保留下来的，因为它的四围已经全部盖成了钢筋水泥的楼房。楼房外立面所贴瓷砖在阳光的照射下，反射出刺眼的光芒，这种光折射到老房的窗扇上，产生出一种幻影，屋内的家具与幻影交织在一起，让人感觉时空错乱。

　　与之相呼应的，还有这老房的侧墙上悬挂着的一些匾额，最显眼的当属中国科学技术大学人文与社会科学学院所颁发的"手工纸研究所富阳竹纸研发基地"，这是一块金属匾。旁边还有一块金属匾，上面印着"杭州市富阳区非物质文化遗产生产性保护基地"，另外还有一块木匾上刻着"北京德承贡纸富阳竹纸复原基地"，等等。这些都显现着主人朱中华与业界的密切联系，以及他的造纸技术受到的相关研究者的重视。徐馆长告诉我，朱中华今年被有关部门认定为"富阳十大工匠"。可见他的所为，越发地受到政府的关注。

　　我们边吃橘子边跟朱起杨聊天，他说谈到技术问题，还是要去问他老爹，因为他了解的细节也不是太多。我问到了工厂的名称，他告诉我说，注册的名称为"杭州富阳逸古斋元书纸有限公司"。我知道元书纸是一种古纸的名称，但为什么这种竹纸会起这样一个名字？朱起杨说他也不了解，看来只能向朱中华先生请教了。

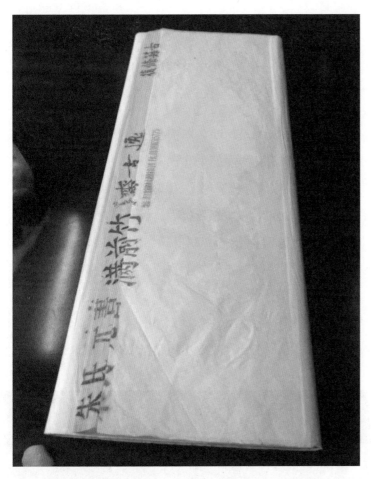

图二　印有朱氏堂号的元书纸

　　谈到元书纸，我请朱起杨拿来一些纸样。他首先拿出的一刀，从侧面看过去，果真纸边上打着他家的堂号，上面分别钤盖着"朱氏""元书""满前竹""逸古斋"等等硃记。打开外封，看到这种纸呈乳黄色，摸上去颇为细腻。但徐馆长以他那精益求精的眼光，在看完纸样后，认为还有需要改进的地方，比如纸样中能够看到些许杂质。朱起杨马上承认，这是前些年生产的，当时的工艺还没有现在这么高，如今生产出的元书纸远比这种样品的质量好得多。

　　我真佩服徐馆长的眼力，他只是瞥一眼就发现了问题。之后朱起杨又拿出一些小的纸样，这些纸样虽然颜色不同，但细看上去纯净度提高了许多，看来这是最新生产出的样品。朱起杨又拿出一刀洁白度较高的元书纸，质量比原来的那一刀提高了不少。我问到每一种纸的名称，朱起杨说都叫元书纸，但仅从颜色和质感看过去，我已经觉得这里生产的纸是好几个不同的品种。这些不同的产品都叫一个名字，将如何销售呢？朱起杨仍然笑着说，这些细节还是要问父亲，他在此只能负责接待我们参观一下。

吃完橘子后，起身跟着朱起杨去参观，首先走进的地方应当是仓库，因为这里堆放着一箱一箱的手工纸。我依然纠结于元书纸有这么多的品

图三　堆放元书纸的仓库

图四　捣料机

种，在装箱之后如何能够区分出来。有时也清楚自己的担忧是多余的，生产者自有他们的区分方式，外人只能看热闹。

穿过仓库，朱起杨带我们去看了捣料车间。这个房间不大，一台捣料机几乎占了这个房间的大半面积。这台机器望上去，应该是机械与手工的结合物：前面是新作的木斗，木斗的下方有着一些褐色的纸料。朱起杨说，这就是纸浆的粗料。粗料之上则有一块颇为粗糙的条石，这块条石后面又连着金属臂，王黎明请朱起杨给我们现场操作演示一番。朱起杨合上闸，这台大机器却未能运转起来，他用手扳动飞轮到了一个恰当的位置，机器顿时轰鸣了起来。在偏心轴的带领下，金属臂上下摆动，那块大石头一下一下砸向了下面的纸原料。朱起杨走到木斗前，用一根木棍搅拌着下面的纸料。

　　我注意到这个过程必须要赶上石块上下的节奏，这之间大约有一秒到两秒的运行时间，而木棍要在这么短的间隙内把纸料翻动一下，以便让这块大石坚坚实实地砸在纸料之上。这需要眼疾手快，如果稍有迟疑，那个大石块估计会把木棍砸得粉碎。

　　关上机器后，朱起杨告诉我，以往这种捶打纸料的过程全部靠手工，劳动强度很大，于是他们就发明出了这个办法。但他强调这种办法也是一种原始的手工方式，因为在古代就是用这样的石块来敲击纸料。

　　看完捣料房，又转到了烤纸车间。这个环节我在几家纸厂都曾看到过，这里的情形与他家基本相同：也是将生产出的湿纸一一揭开来，贴在有着一定温度的铁板之上，待纸被烘干后再迅速地将其揭下。朱起杨说这种工作的要点在于掌握恰好的揭起时间，过早或过晚都会影响纸张的质量。

　　我们在这间烤纸房内仅见到一位妇女在那里操作，我站在旁边观察了一会儿，她的操作有如行云流水般娴熟。在这烤纸房内，还有一位老大爷坐在旁边与妇女聊天，他看我们进来，马上跟我打招呼，可惜他说的方言我未能听明白，只好含糊其词地向老先生致意。

　　关于金属烤墙，朱起杨说，古法并不是这样。这样的金属墙虽然效率高，但因为金属导热太快，热得快凉得也快，所以用金属墙做出来的纸，并不能完全展现手工纸的特性，为此逸古斋正在着手恢复传统的土墙，而后他把我们带入了另一个房间。

　　这个房间内有两位施工人员正在那里操作，此屋的正中已经围起来了一堵墙，一位工人正在墙上抹泥灰。朱起杨把我带到土墙的侧面，由这一端望过去，两墙之间约有着四十多厘米的空隙，空隙的下方已经围

图五　浓厚如豆腐的纸浆

图六　抄纸的竹帘

起了炉灶。朱起杨介绍说，就是在这里烧火将土墙烤热，土墙的热传导虽然慢，但却温度均匀，并且热能散发也更为缓和。

参观完烤纸房又转入了另一个房间，在这个房间看到不少成品，成品的下方是几个石制的抄纸槽。从包浆程度看上去，这显系老物件。朱起杨说，这的确是老的石槽，而今这些石槽已不再使用，故用在这里作为堆料用。这个石槽的另一侧是几个大的水泥纸槽，一个纸槽内全是泛起的浓度颇高的纸浆，另一个更大的纸槽里面则泡着整捆的纸原料。朱起杨向我介绍着这种泡料的缘由，他说到了这一步还未完成造纸过程的一半。

我更感兴趣的是另一个纸槽内的抄纸网，于是放下手中的相机，用那个简陋的工具试了两下，明显我的动作不够协调。这让我瞬间体会到抄纸更多的是一种经验积累，必须经过长期实践，才能把这个简单的动作做到极致。

参观完厂区，朱起杨又带我等去参观原料区。走出这处老房子向村北的方向走去，前行不远有一座石桥，石桥之下依然有着潺潺的流水。朱家造纸前期工作地点就处在小溪的对岸，溪水与山体之间仅有一亩大小的一块平地，在这片平地上，朱家用水泥围起了几个池子，每个池子都有着不同的用途。我看到池中泡着很多的竹料，池中的水已经变成了深褐色。朱起杨说，这样的原料池都是处在溪水边，必须通过溪水的浸泡和冲刷，才能去除在造纸浆过程中所用到的碱。其实从总体来说，这种污水并不污染环境，因为里面的碱已经都降解了。

这里的三个原料池，其中一个有几位工作人员正在操作。我注意到他们从池中用手捞起一团团的纸原料，而后用水管对它们进行冲洗，冲

图七　泡料池

图八　泡料特写

洗完毕后，这些原料被捏成一个个的大菜团状。这个操作过程要始终弯着腰，我仅是看了一会儿，就开始感觉自己的腰在隐隐作痛。

拍摄完原料池，又回到河对岸，小河的旁边用塑料布盖着一堆堆的原料，朱起杨说这是在发酵，这些原料要在这里堆放十几天。他揭开塑料布让我拍照。当塑料布揭开的一瞬间，我闻到了很强的发酵味道，那味道有点像人尿味。

离开此地时，朱起杨送给我一本李少军所著的《富阳竹纸》一书。这本书图文并茂，让我了解到了造纸的全过程。果真如朱起杨所言，我所看到的细节仅仅是造纸过程中很小的一部分，前面的种竹、伐竹以及断竹等等，还有着太多的流程在，其中一道工序就是我所看到的堆料，这个过程的术语叫作"堆蓬"。

书上说堆蓬的主要作用是为了让竹料发酵，其发酵方式乃是给这些料上淋尿。看来竹纸要经过人尿的参与才能做出好效果。这让我想到了《红高粱》里面的一个场景，那个场景就是有人往酒坛子内直接撒尿。我当时认为这是搞乐的桥段，现在看来，实际情况说不定还真是如此。至少竹纸的生产过程中，的的确确有这样的步骤。

站在河对岸望上去，眼前的大山上遍种着翠竹，看来正是这种上天的赐予才造就了当地的造纸产业。但朱起杨却说，全靠天然并不够，同样也需要人工种植，并且砍竹子也有很多的技巧，否则的话就无法使今后的竹子长得好。

以我的感觉，这个行业也有靠天吃饭的因素在。经过对这些细节的观察，让我再一次体会到，生产出一张纸是这么不容易，要经过许多的环节，任何一个环节出了问题都无法造出好纸。

图九　洗料

图十　发酵

　　前些年我喜欢买一些手工纸，而后用老雕版来刷书，在买纸之时总嫌纸价贵，而当我越了解手工纸的生产过程，就越发地觉得这个行业有太多的艰辛。如果我以造纸为生，恐怕我造出的纸要比许多纸的价钱都高得多。人就怕换位思考，立场不同，心态可能就会完全相反。

　　朱起杨向我讲解着当地造纸的历史，他说以前这里是传统的竹纸生产基地，村里有很多人都从事这个行业，后来因为纸价不高，操作过程又十分辛苦，故很多人不再从事这门手艺，到如今仅剩下一两家。我问他那些停产的手工纸作坊是否还有遗迹在，他说确实有不少遗迹，但具体在哪里他要了解一下。而后朱起杨给其父亲打电话，问明情况后，我们一同上车前去探看。

　　从村中驶出，而后拐上另一条上山之路。这条路是沿着另一条小溪一直向上，因为用水泥做了铺装，总体颇为平坦。小溪的左侧是山体，右侧为河流，河的对岸与山体间有一段窄长的缓坡，在这缓坡上能够看到不少的废弃的纸槽。造纸必须要有水，故这些纸厂都是沿溪水而建。

　　驶出几公里后，来到了一处山村，在山村的侧旁看到一个面积较大的废弃纸厂。从旁边的小桥穿过，来到对岸的缓坡上。在这里看到了不少与造纸有关的遗迹，其中一面石墙下方有一个窑洞状的口。我从《富阳竹纸》一书中了解到，这个口是用来烧材煮料的。书上写明这些料在夏天也要煮三天，并且不管是夏天还是冬天，刚开始烧煮时就不能停火，否则的话煮出的料质量就会下降。因为煮料之后，才能进行翻摊漂洗。我此前在溪边看到的工作人员的操作过程，正是煮料后的下一个程序。

　　一路看下去，在这一带看到了很多废弃的纸槽，朱起杨告诉我，富阳当地沿溪而建的这种纸槽还有多处。由此可以想象当年这一带乃是生产竹纸的主产区，有很多人都从事这个古老的行业，随着时代的变迁，这个行业也渐渐消失了。仅仅剩下的几家，有如标本般受到了研究者的重视。近两年社会上提倡工匠精神，不知道这些纸作坊会不会又重新兴旺起来呢？朱起杨告诉我，到了他这一代，朱家已经是四代造纸，他对这个行业也充满了兴趣。我真希望经过年轻一代人的努力，这个行业能够原汁原味地恢复，并且重新兴盛起来。

参观完造纸过程，重新返回朱家，在此我郑重地感谢了朱起扬先生，与之道别后，跟随王黎明先生前往另一地去参观竹帘的生产厂家。开行约十公里，来到了大源镇，在此镇的高速立交桥下，有几栋新盖的楼房。王黎明带着我二人走进了其中一间。

这是一栋楼房的底商，里面有一百多平方米的面积。展眼望去，到处都是工具，仅有一位工作人员在一张竹帘上刷黑漆。王黎明介绍说，这就是造竹帘的师傅王增福先生。王先生看上去五十岁上下，人长得颇瘦，说话略显腼腆。从聊天上得知，目前浙江省内就他一个人在做抄纸的竹帘。

王增福带着我们参观他的竹帘作坊。我在地上看到了多个正在等待完工的竹帘，这些竹帘的尺寸不一。王增福说，竹帘的大小都是根据厂家的要求来生产的，无论多大多小他都可制作。他边介绍边把我们带到了二楼，在这里看到了织竹帘的机器，这个机器望上去有点像古老的织布机。我很想看到具体的操作过程，于是提出请王增福在那个机器上演示一下。他立即上手干了起来，那份娴熟让我想到了孙犁在《荷花淀》中描绘的织席子的场景。当然他的操作手法跟织席子不同，同时感觉跟织布也有区别。

八二二

在二楼看到了一捆一捆的竹丝，每一根竹丝的节都很长。王增福介绍说，这种竹丝是出自一种叫苦竹的竹子。福建生长的苦竹竹节很长，所以制造竹帘所用的竹丝基本上都是苦竹。

王增福说纸张的厚薄跟竹丝的粗细有较大的关系，但他买到的原料丝基本粗细相等，所以他在加工竹帘时会根据用户的要求，将丝拉得更细。说完他在一个简易的工具前，现场向我展示如何将竹丝拉细。这个工具是一个铁片，铁片上有着很小的孔洞，王增福将一根竹丝的顶端用刀削尖后，从这个小孔穿过去，而后从另一侧用力地把竹丝拉出，一瞬间拉出的竹丝就比原来细了很多。看来每一个小孔都代表着不同的尺寸，而将一个竹帘的丝一根一根地拉出，也的确不容易。

王增福告诉我，传统的制帘方式更不容易，他走到一台简易的设备前，再次向我展示完全靠手工来织帘的过程。我看到他每织一根丝就要拨弄几十回，以这样的方式织一张竹帘恐怕要将这个动作重复千万回。像我这种缺乏耐性的人，绝对做不了这样的工作。

参观完织竹帘的过程，我还惦记着进门时他何以在竹帘上刷黑漆。回到一楼，王增福拿过一个木桶，他说这里面就是刷竹帘的大漆。这种漆看上去却是浅褐色，王增福说，虽然原漆是浅褐色，但刷到竹帘上一见空气就变成了黑色，给竹帘刷大漆的目的是将竹帘上的竹丝固定下来，这样纸张才不会移动。

我在一些手工纸中看到过暗的水印，所谓水印，是从表面上看没有痕迹，但把纸拿起来迎光一照，就能看到纸上的图案，其原理跟纸币内的水印一样。纸币上的水印是在造纸时加进去的，那么手工纸的水印是怎么做出来的呢？以我的理解这恐怕与抄纸用的竹帘有关系。

图十一　织竹帘的机器

图十二　一根竹丝要操作几十回

　　我向王增福提出这个疑问，他说确实如此，并且说制作出手工纸上的水印工艺并不复杂，其秘诀正是在竹帘上。接着他拿起一张织好的竹帘让我看，果然上面隐隐地绣着图案和文字，他说用这样的竹帘抄出的纸自然就有了水印。

　　在竹帘上绣出图案，以我的想象应当是既有技术性，又要有很大的耐心。王先生说这个工作并不复杂，只是需要耐心，任何图案和文字都可以绣在上面。而今社会上的人工成本普遍高昂，在竹帘上绣图案应当耗费不少时日，以我的想象，价格自然不便宜，而当我向他问到价格时，他报出的价格却远比我想象的便宜很多。

　　参观完竹帘作坊，与王增福告别后返回车上。王增福家的隔壁正在装修楼房，很多石料以干挂的方式贴在了墙外上。我与房主聊天，他很骄傲地告诉我，为了楼房的漂亮他花费了很多的钱，但他觉得气派是最重要的，多花点钱也是值得的。

　　但是，隔壁王增福的房屋却没有任何的装修，从外观看上去，像是没有完工的乡镇企业厂房，里面更是简陋至极，甚至墙面都未刷涂料，房屋既无隔断更无门窗。整个楼房内基本没有生活设施，在这里工作的也只有他一个人，他却能整天对着一根根的竹丝反复地操作。这要有多大的定力，才能长年累月地完成这种质朴无华的工作。

　　手工纸的好坏，受多种因素影响，竹帘是其中重要的因素之一，纸厂能够得到好的竹帘，也就有了抄出好纸的基础。可见王增福的工作对中国手工纸行业而言，是重要的一环。但是这个行业太过寂寞，没有强大定力的人，恐怕难以坚持下去，有几个人能够如此"美不外现"地长年干下去呢？

图十三　"锦瑟无端五十弦"

　　我不知道国内还有多少手工纸厂会来他这里定制竹帘，以我的了解似乎订货量并不大，因为王增福在二楼向我展示了一种窗上用的帘子。他说有些开茶社的人，会向他来订购这种窗帘，因为他的窗帘织得十分细腻，这跟茶馆里的雅致颇为匹配。但我觉得，把如此专业的生产工艺用到茶社去做装饰物，算不算是一种暴殄天物呢？

后记

　　因为爱书，又爱上了书版，以及跟书有关的一切，这是典型的爱屋及乌。从客观角度来说，古代雕版以及相关的笔墨纸砚，都是书籍的母体，因此寻访与之相关的遗迹，其本质就是爱书人的探源工程。

　　每一部典籍的产生，都首先产生于作者的构思，再由草稿到定稿，最终刊刻、印刷，通过发行传递到读者手中，经过历史的大浪淘沙，古书的孑遗又传导到今天的爱书人手中，这是一个完整的链条。从这个角度来说，所有的爱书人都应该了解一下书籍的产生、传承。但中国典籍浩如烟海，逐一探源肯定不现实，我以这句话来做自我解脱，以此说明本书谈到的雕版及其书物，与典籍的数量比起来，连沧海一粟都算不上，所以这本书我只是选择一些自认为有代表性的遗迹，以此作为基点，来讲述某种印刷现象。如果有可能，我当然愿意继续寻访下去，以便得到更多的感官认识，能够与同好们分享更多。

　　本书中的各篇是十余年来陆续写就，在讲述史实方面，有不少错漏，责任编辑马艳超先生、尚玉清女史费了很多心思帮我弥补瑕漏，是正良多，在此表示诚心感谢。本书的设计出自著名装帧设计师徐俊霞老师，她为了能够从外观上体现本书的内容特色，下了许多功夫，设计出了多种形式，在此郑重感谢她为拙作的付出。

在寻访过程中，我得到了许多朋友的帮助，他们的大名已写入了每篇正文中，在此不一一列名。对于他们给予的相助，我将铭记于心。

中国是活字本的发明国，活字印刷这项技艺是我国的"四大发明"之一，与之相关的遗迹当然是我的寻访目标。但典籍的刊刻还有许多的其他细节，其实还有很多与印刷术有关的遗迹，但它们大多难以查到具体位置，盼望读到这本小书的朋友，能够为我提供更多的相关信息，我将在新作中诚挚地表达我的谢意，我的邮箱是 weili290@sina.com。特别希望朋友们能为我指明方向，同时也盼望各位师友能够指出本书中的错误，以便让我学到更多的知识。同时我也期待着本书能够再版，以便改正自己的错误。

癸卯秋分于芷兰斋　韦力